面白くて眠れなくなる天文学

縣 秀彦

PHP文庫

○本表紙図柄＝ロゼッタ・ストーン（大英博物館蔵）
○本表紙デザイン＋紋章＝上田晃郷

はじめに

天文学というと、どんなイメージを持つでしょう？　プラネタリウムで聞く星座の話、流星群や日食観測、それともお月見でしょうか？

本書で紹介するのは、天文学の魅力をギュッと凝縮したエッセンスです。

月にも山脈や海がある⁉

無数の星があるのになぜ夜空は暗い？

第二の地球を探す「宇宙人方程式」とは？

重力波で宇宙誕生のひみつに迫る――などなど。

天文学は、流れ星や月など身近な天体の不思議から、遠く宇宙の始まりの謎にまで迫るとても面白い学問なのです。


古来より、天文学は音楽や数学と並んで最も古い学問であり、古代人にとって大切な対話の道具（コミュニケーション・ツール）だったといわれています。

たとえば、人と人が再会を約束するとき、時計も電話も持たない状況で、待ち合わせの場所や日時をどうやって決めればよいのでしょう？　そんなとき、古代の人々は月の形や星々の位置を互いに知っておくことで、季節や時刻や居場所を伝えあうことができました。

このように、天文学は人と人をつなぐうえで、なくてはならないツールだったと考えられているのです。

一方、近年の天文学の発展には、目覚ましいものがあります。本書を読んでいただくと、子どもの頃に読んだ天文学の図鑑や参考書の内容とずいぶん変わったなぁと感じられることでしょう。

今、注目されている「アストロバイオロジー」という学問があります。「宇宙における生命の起源、進化、伝播（でんぱ）、および未来」を研究する学問領域で、天文学をはじめ、生物学、惑星科学、地球物理学などさまざまな分野の研究者が集結しています。

「我々は何者か？　我々はどこに行くのか？」

この普遍的な問いかけに対して、天文学を足がかりに、今、人類は答えに迫りつつあります。

二〇二一年八月現在、存在が確認された太陽系外惑星は四八〇〇を超えました。中には地球サイズの岩石惑星や、ほどよく暖かく、液体の水が豊富にありそうな惑星も見つかり始めています。

次世代望遠鏡と呼ばれる「ＴＭＴ（Thirty Meter Telescope：口径三〇メートル望遠鏡）」など超高性能の望遠鏡、および宇宙望遠鏡は地球外生命体が存在する系外惑星を見つけ出す可能性を秘めています。近い将来、私たち生命の起源が見つかったり、知的生命体とコミュニケーションができたりということが夢物語ではなくなるかもしれません。

こんなワクワク、ドキドキする学問を、天文学者たちに独占させておくのはもったいない！　みなさんも本書を片手に、エキサイティングな天文学の世界をのぞいてみませんか。

面白くて眠れなくなる天文学

目次

Part I ロマンティックな天文のはなし

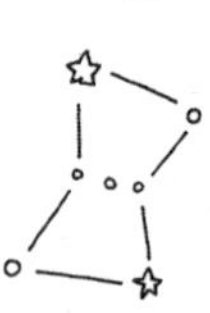

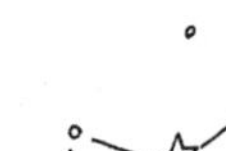

Part Ⅱ

面白くて眠れなくなる天文学

Part Ⅲ

宇宙はふしぎに満ちている

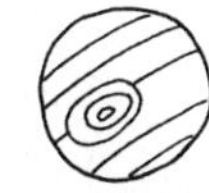

番外編

月・火星への人類の挑戦

本文デザイン&イラスト　宇田川由美子

Part I
ロマンティックな天文のはなし

流れ星を見る方法

流れ星の正体

みなさんは、流れ星を見たことがありますか？
流れ星が流れている間に願いごとを三回言えたら、その願いが叶うという言い伝えがあります。これは、流れ星がいつ、どこに現れるのかわからない神出鬼没な存在だということと、流れ星があっという間に消えてしまうことを言っているのでしょう。

実際に、流れ星のほとんどは〇・二秒程度しか輝きません。〇・二秒では、願いごとを一回言うのだって難しいですよね。ただ、ときには「火球」といって、とても明るい流れ星が天空を横切り、一～二秒近く見えていることがあります。そのようなときには、チャンスです。あわてずに願いごとを言ってみましょう。

流星（流れ星）とは、宇宙空間にある直径一ミリメートル～数センチメートル程度の塵粒（ダスト）が地球の大気とぶつかって、大気や気化した塵の成分自体が光を放つ現象です。

流星の元となる物質、すなわち塵粒の重さは、正確にはわかっていません。地球を取り巻く宇宙空間から塵粒を採取したところ、塵の多くは、弾丸や砂粒のような硬く、緻密な状態ではなく、まるで綿かハウスダストのようなふわふわとした構造であることがわかりました。このことから、通常の流れ星の重さは、〇・一グラムから、重くても一グラム以内ではないかと予想されています。

流星の元となる物質の質量は、流星として見えている際の大気の発光エネルギーからも見積もることができます。〇・一グラムから一グラムという質量は、見積もりの結果、得られる物質（流星の塵粒）の重さの推定値ともほぼ合っています。

また、流星の中には、隕石となって地上に落ちてくるものもありますから、うんと重たいものも、ごくまれには流れていることになります。

星が流れるしくみ

流星には、散在流星と群流星（流星群に属す流星のこと）があります。散在流星と

◆流星群が起こる原理

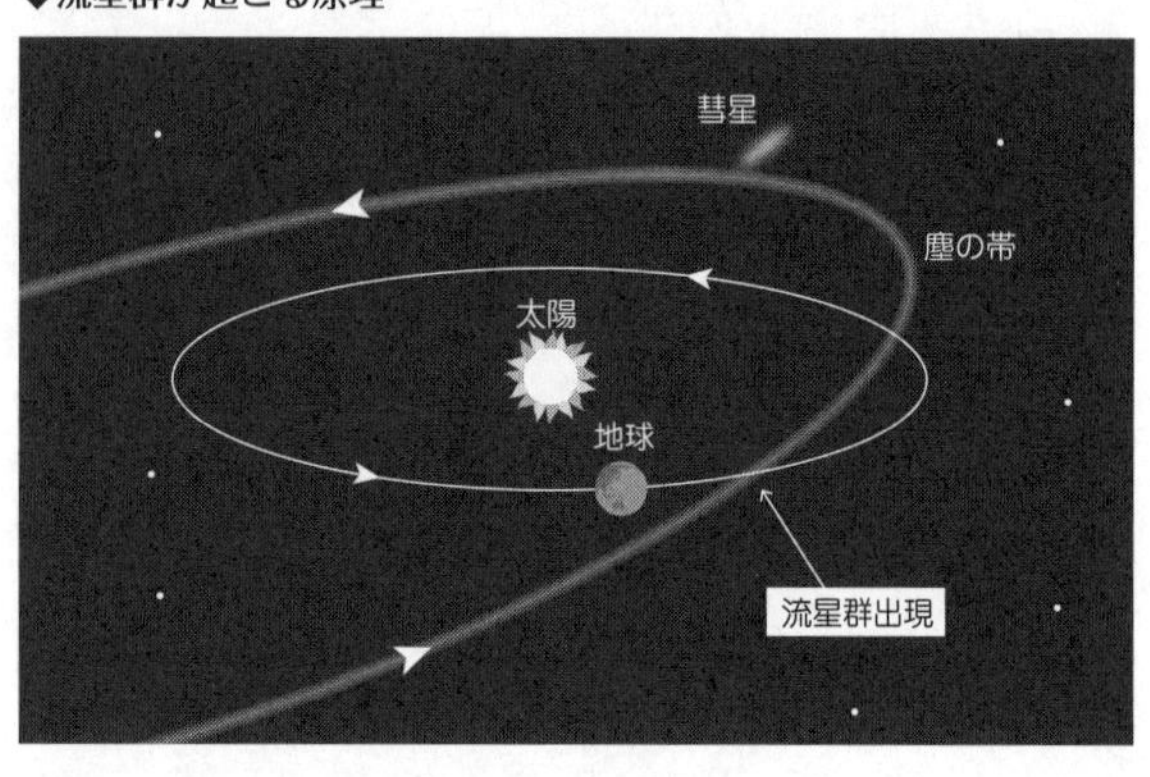

は、いつ、どこを流れるか、まったく予測がつかない流星のこと。群流星とは、ある時期に同じ方向から四方八方に飛ぶように見られる流星のことです。

群流星が飛んでくる方向を放射点（または輻射点）と呼びます。放射点がどの星座に含まれているかで、その流星群の名前が決まっています。

彗星が太陽に近づくと、彗星の通り道（軌道上）に塵が放出されます。この塵の集団と地球の軌道が交差している場合、地球がその位置にさしかかると、たくさんの塵の粒が大気に飛び込んできます。

地球が彗星の軌道を横切る時期は、毎年ほぼ決まっています。そのため、毎年、特定の時期（数日間）に特定の流星が出現するのです。一月のしぶんぎ座流星群、八月のペルセウス座流星群、十二月のふたご座流星群は三大流星群とも呼ばれ、安定してたくさん出現する流星群です。

一方、しし座流星群は二〇〇一年に大出現しましたが、年によって飛ぶ数がまったく異なります。しし座流星群の母天体は、テンペル・タットル彗星。公転周期が約三十三年で、比較的新しい彗星のため、通り道上の塵がかなり不均質であり、約三十三年の周期で流星出現数が増えたり減ったりしているのです。安定して毎年流れる流星群は、比較的古くから太陽の周りを回っている小天体が放出した塵というわけです。

安定した流星群は、ペルセウス座流星群やふたご座流星群でしょう。

ペルセウス座流星群の母天体は、スイフト・タットル彗星と呼ばれる彗星で、太陽の周りを約百三十年の周期で公転しています。また、ふたご座流星群の母天体は小惑星フェートン（ファエトンとも呼ばれる）と考えられています。この天体、現在は彗星のように揮発性物質を多く放出していませんが、以前は彗星のような振る舞いをしていたのではないかと考えられています。

流れ星に出合う確率を上げる

流れ星を見る方法を具体的に説明しましょう。

流星観察では望遠鏡や双眼鏡は必要ありません。望遠鏡や双眼鏡を使うと見える範囲が狭くなってしまうため、一般の人の流星観察には適さないのです。肉眼で観察しましょう。

まず、屋外に出てから暗さに目が慣れるまで、最低でも十五分間は観察を続けるようにします。人間の目の瞳孔は明るいところで小さく、暗いところで大きくなりますが、順応には時間が必要です。個人差がありますが、十分以上、地上の明るい光源（水銀灯やネオンサインのような街明かり、車のヘッドライトなど）が直接、目に入ってこないようにして目の感度を上げておきます。

次に、流れ星が空のどこを飛ぶかは予測がつきません。群流星の場合も、必ず放射点のある星座の近くで見えるわけではないので、見上げる位置を気にする必要はありません。ネオンのある場所、あるいは明るい月のある方角は避けたほうが見やすくなります。

群流星の場合、放射点近くでは、こちらに向かって飛んでくるため、ゆっくりと

◆年間のおもな流星群

流星群の名前	出現期間	極大	母天体	出現量
しぶんぎ座	1/2-5	1/3-4	−	★★★
4月こと座	4/20-23	4/21-23	1861 I	★★
みずがめ座η	5/3-10	5/4-5	ハレー	★★★
みずがめ座δ南	7/27-8/1	7/28-29	−	★★
やぎ座α	7/25-8/10	8/1-2	−	★
ペルセウス座	8/7-15	8/12-13	スイフト・タットル	★★★★
はくちょう座κ	8/10-31	8/19-20	−	★
オリオン座	10/18-23	10/21-23	ハレー	★★
おうし座南	10/23-11/20	11/4-7	エンケ	★★
おうし座北	10/23-11/20	11/4-7	エンケ	★★
ふたご座	12/11-16	12/12-14	フェートン	★★★★
こぐま座	12/21-23	12/22-23	タットル	★

※出現期間は比較的多く現れるときで、その前後にも多少出現します。
毎年見られるものを紹介しています。

した動きで短い経路のみ輝きます。一方、放射点から離れたところでは、素早い動きで長い線を引いて輝きます。したがって、放射点の位置を確認できれば、どちらの方向からどちらに向かって、どれくらいのスピードで群流星が流れるかを予想することもできます。

冬は風邪をひかないための防寒対策、夏は虫に刺されないための防虫対策をしっかり行い、リラックスした姿勢で、無理せず楽しんでください。

月にも山脈や海がある!?

月の起源を探って

月は、どのようにしてできたのでしょうか？　じつは今日でも、月がどのようにしてできたかは完全には解明されていません。

古くからある諸説としては、月は地球の双子の惑星として一緒にできたという「双子説」や、たまたま通りかかった地球より小さな天体が地球の重力に捕まって、その周りを回り始めたという「他人説」がありました。今ではどちらも完全に否定されていて、「巨大衝突説（ジャイアント・インパクト）」のみが有力です。

今日の月探査では、その証拠探しが進められています。再び、人類が月を訪れる計画は、二〇二四年頃に予定されています（NASAのアルテミス計画）。みなさんは、月へ行ってみたいですか？

一九五九年、ソ連（現在のロシア）のルナ2号が月面に到達して以来、米国、ソ連から数多くの無人月探査機が月に向かっています。一九六〇～七〇年代に米国が行った有人飛行のアポロ計画では、多くの月の石を持ち帰りました。これらの石を解析することで、月の表面の組成は地球のマントルの組成に近いことがわかったのです。

つまり、太陽系ができて間もない頃に、火星サイズ（地球の質量の一〇分の一程度）の天体が地球に衝突し、表層が破壊され、周辺に飛び散った物質が急速に集まって月を形成したと考えられるのです。

近年では、火星の二つの衛星（フォボスとダイモス）も、ジャイアント・インパクトによって形成されたのではないかと推定されています。

月にも地名がついている

ソ連、米国に続いて月に探査機を送ったのは、日本でした。一九九〇年に宇宙科学研究所（現ＪＡＸＡ宇宙科学研究所）が打ち上げた「ひてん」は、月で高度なスイングバイ航法（惑星の重力を利用して加速する方法）を実証しました。

さらに、ＪＡＸＡは二〇〇七年に月周回衛星「かぐや」を月に向かわせ、月を詳

◆月の地形とおもな地名

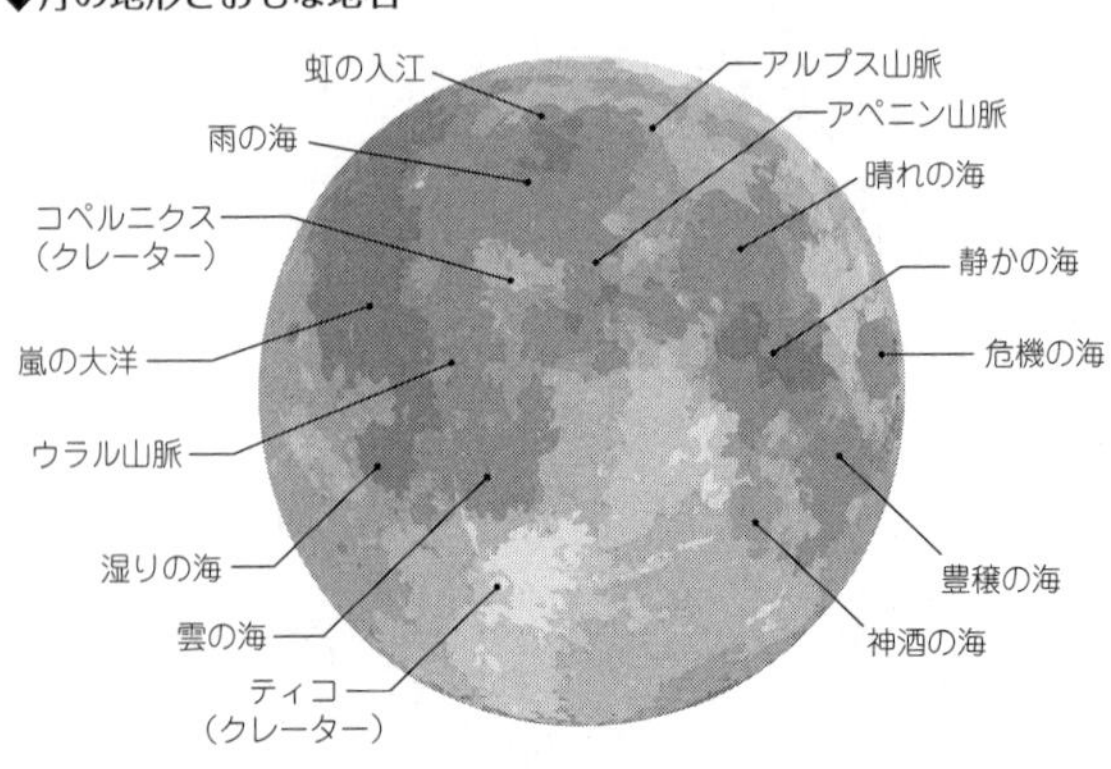

しく調べました。かぐやの成果の一つとして特筆すべきは、レーザー高度計を用いて、極めて正確な月面の地形図を作成したことです。このデータは国土地理院のウェブサイトにて公開されています。

肉眼で月を見上げると、表面に黒い模様が見えます。この部分は、月の地名で「海」と呼ばれています。日本では、古来よりウサギが餅をついている姿に見立ててきました。海外では、蟹の姿や女の人の横顔、本を読むおばあさん、吠えるライオンなど、見立てはさまざまです。

天体望遠鏡や双眼鏡を使うと、クレーターや山脈、谷間など、多様な地形が見えてきます。それぞれの地形には、名前がついているのをご存じでしょうか？

　クレーターは、隕石が落下することでできた窪みのことで、それぞれ天文学者などの名前がつけられています。中でも、巨大で目を引くのは「ティコ」と「コペルニクス」で、二大クレーターとされています。光条と呼ばれる放射線状に広がる白い線が入っていて、この二つのクレーターの存在を際立たせています。

　一方、隆起したように見える場所は、山脈と呼ばれます。地上の有名な山脈名がつけられていて、特に「アペニン山脈」と「アルプス山脈」は、見つけやすい地形です。

　これらの地形は、意外に思うかもしれませんが、満月のときはあまりよく見えません。月が欠け始めた頃、斜めから太陽光が当たる時期のほうが、表面の凸凹（でこぼこ）に影ができて、立体的に見えるのです。

　人類が最初に月にその足跡を残した場所、すなわち、アポロ11号が一九六九年に着陸したのは、「静かの海」でした。「海」といっても、水があるわけではありません。月に巨大な天体が衝突することで、月の内部からマグマが地上に溶けて現れ、それが広がった溶岩地形です。「海」の上にはその後もたくさんの隕石が衝突して、大小さまざまなクレーターを作っています。

月の中でも白く輝く「陸」の部分は凹凸が激しい地形です。そこで人類は、最初の着陸では危険がともなう「陸」ではなく、比較的安全な「海」を選択したのです。

月の内部は偏っている？

かぐやの大きな成果のもう一つが、月内部の密度分布の解明でした。かぐやは月全体の重力分布を丹念に調べました。どのように調べたかというと、探査機が月を周回する際、重力が強い箇所では探査機は引っ張られて低い高度を飛び、反対に重力が弱い箇所では高い高度を飛ぶことから、重力異常の場所を特定しました。

月の内部の密度が低ければ重力は弱くなり、密度が高ければ重力は強くなります。

調査の結果、月の表側（地球に向いた面）と裏側では、重力分布に明らかな差がありました。ということは、月の内部構造は地球のような同心円構造ではなく、少し偏った分布をしているということです。

仮に月が地球の影響を受けずに単独でできたとすると、多くの天体同様に内部構造も同心円状になっているはずです。このことは、前に説明した「ジャイアント・インパクト説」を支持するものです。

かぐやが得た膨大なデータの解析は、今でも続けられています。アポロが月に設置してきた地震計記録と、かぐやのデータ解析から、月の内部には地球の外核同様に液体の層が存在する可能性も出てきました。

アポロの到達以降も、米国、ソ連、日本以外では中国の嫦娥(じょうが)1号(二〇〇七年)から、史上初めて月の裏側へ軟着陸した嫦娥4号(二〇一九年)、月表面からのサンプルリターンに成功した嫦娥5号(二〇二〇年)、インドのチャンドラヤーン1号(二〇〇八年)、2号(二〇一九年)など、世界各国からの数多くの探査機が月の秘密を調べています。

北極星は移動する⁉

北極星を見つけるには

常に天空の同じ位置で動かない星があります。それは、真北の空に光る北極星。ポラリスとも呼ばれています。それはまさしく、旅人にとって「道しるべ」となる頼りがいのある星です。

ところで、夜空に北極星を見つけられる人はどれくらいいるでしょう?

北天で最もわかりやすいのは、北斗七星とカシオペヤ座の並びです。明るい星々が特徴のある配列に並んでいるので、見間違いが少ないのです。特に北斗七星は、おおぐま座という星座の一部ですが、とても認識しやすい並びです。二等星六つと三等星一つが、ひしゃくの形にわかりやすく並んでいます。

北斗七星を用いると、簡単に北極星を見つけ出すことができます。七つの星のうち、ひしゃくの水を入れる部分の先端に位置する二つの星の距離を線で結び、五つ

◆北極星の見つけ方

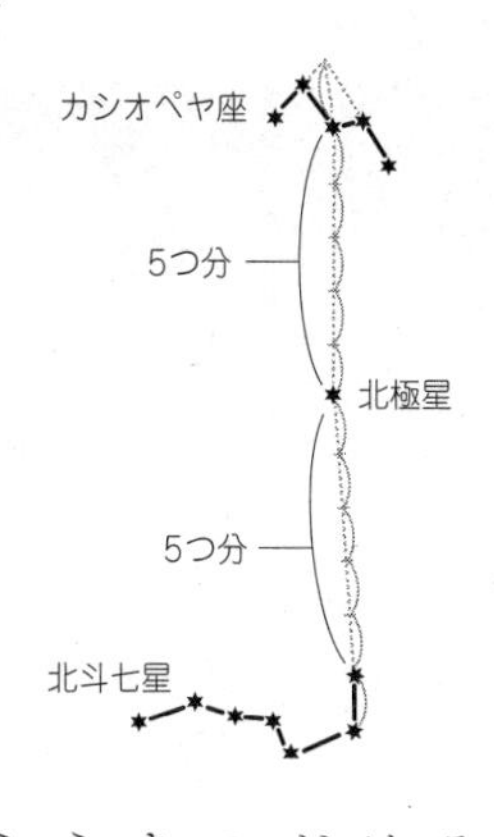

分伸ばした先に、二等星が光っているのが見えるでしょう。それが、北極星です。
一方、北極星をはさんで北斗七星と対をなす星座、カシオペヤ座からも北極星を見つけることができます。W字をしたカシオペヤ座は、北斗七星と比べるとやや光が弱いですが、見つけやすい星座の一つでしょう。上図のようにして、北極星の位置を探すことができます。ちなみに、春から夏は北斗七星のほうが、秋から冬にかけてはカシオペヤ座のほうが、見つけやすい高さに出現するので試してみてください。
北極星は、こぐま座の方向へ、地球から約四三〇光年（光年は光が一年間に進む距離）離れたところに位置する恒星（太陽のように自

◆こぶしを使って緯度を知る方法

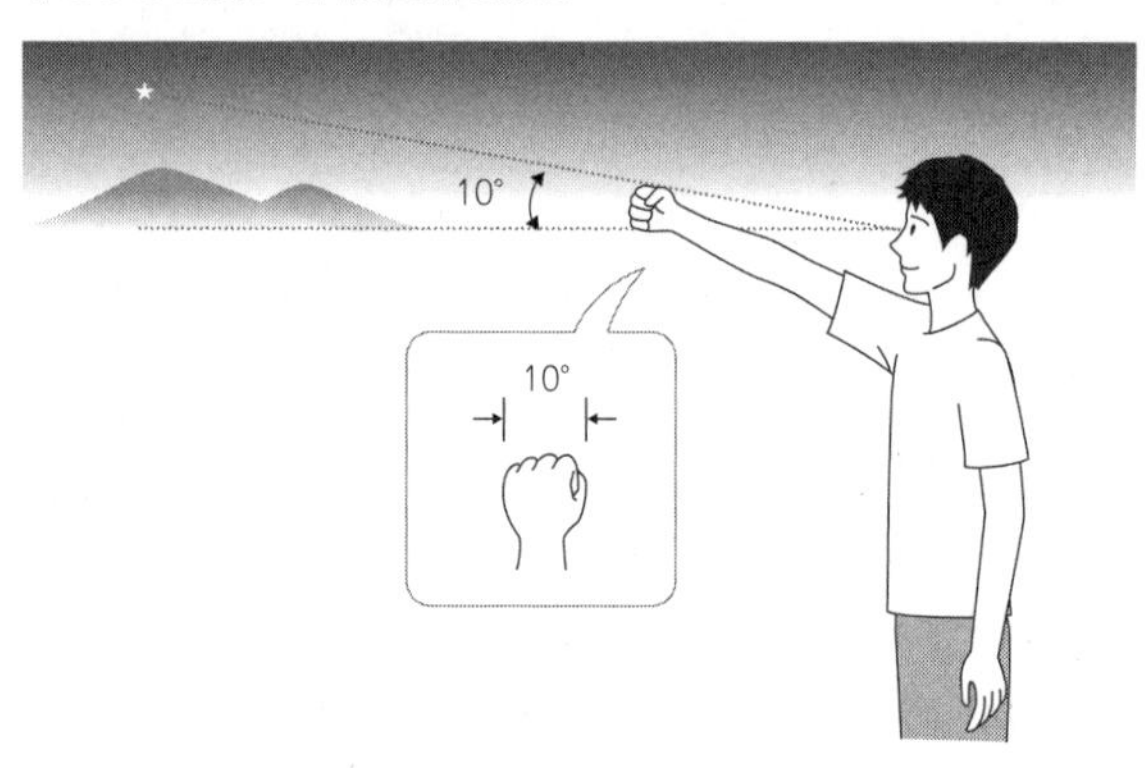

ら光を発している星）です。地球が自転しても動かない方向、つまり北極点の真上にあるため、北極星を見つけることで北の方位がわかります。北極星の真下が、地図上の北を示します。

北極星で緯度がわかる

北極星が便利なのは、それだけではありません。北極星の高度から、自分のいる場所の地球上の緯度（北緯）を知ることもできるのです。特別な道具を使わず、簡易的に北極星の高度を測る方法を紹介しましょう。

腕をいっぱいに伸ばして、握りこぶしを作ります。このとき、こぶし一個分が角度の約一〇度と同じです。北極星を見つけて、地上から北極星の高さまで、こぶしの数で測ります。東京ならこぶし三つ半ぐらい、北海道では四つから四つ半、沖縄に行くと二つ半から三つくらいになるはずです。東京は北緯三五度ですから、ちょうど北極星の高さが、緯度になるのです。

ピラミッドの時代の北極星

エジプトのピラミッドは、方位を正確に測る道具のない時代にもかかわらず、正しく南北を向いて建設されています。これは、星を目印に方角を特定したと考えられています。ということは、北極星を利用したのでしょうか？

じつは、ギザの大ピラミッド（クフ王の墓）が建設された紀元前二五〇〇年頃、現在の北極星は、真北から二〇度近くも離れたところにあったのです。北極星が移動したのでしょうか？

北極星をはじめとする恒星は、天空上を勝手に移動することはありません。では、どういうことでしょう。真相は、北極星が動いたからではなく、地球が地軸を中心にふらついているからです。このふらつき現象を「歳差運動」と呼びます。

地球は月や太陽の引力によって、約二万六千年の周期で自転軸の傾きが変化して

◆地球の歳差運動で北極星は変わる

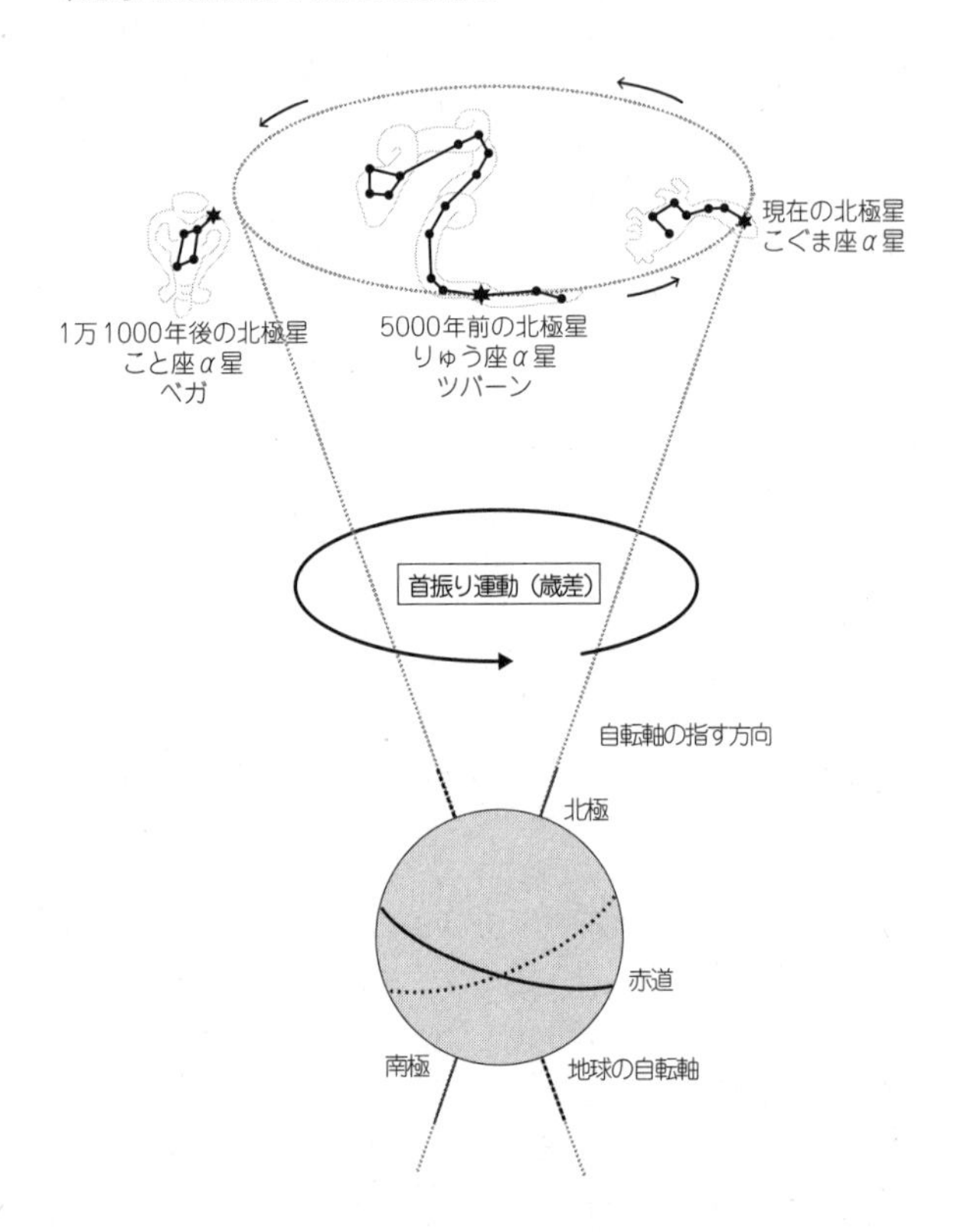

参考：『岡山のスターウオッチング』前原英夫著、山陽新聞社、1998年

います。ちょうどコマがふらつきながら回転している様子に似ています。このため、地上から見ると、逆に天空上の星々が二万六千年の周期で移動して見えることになります。

現在は、こぐま座α（アルファ）星が天の北極近くにあり、北極星（ポラリス）と呼ばれています。でも、常に天の北極に決まった星があるわけではありません。実際、北極星は二〇二一年の時点で、正確には天の北極から一度弱ずれた位置にあります。

エジプトのピラミッドが建てられた当時は、りゅう座α星ツバーンが、天の北極に近い場所で輝いていました。また、今から一万一千年後には、明るいゼロ等星のベガ（織り姫星、こと座α星）が、北極を指し示す星になります。

無数の星があるのになぜ夜空は暗い？

オルバースのパラドックス

夜になると空が暗くなるのはどうしてでしょうか？

昼間が明るいのは太陽のせいで、夜暗いのは太陽が沈んで月明かりや星明かりが太陽の明るさに比べてとても暗いから――一見、小学生でも答えられそうな単純なクイズです。

しかし、よくよく考えてみると、夜空が暗いのはとても不思議なことなのです。宇宙には、無数の星があります。無数の星が、それぞれ小さいとはいえ面積を持って輝いている以上、夜空の隙間という隙間にも必ず遠くに星があるわけで、全天は星に埋め尽くされて明るく輝くはずです。

それは、たとえるなら、森の奥深くに入って周りを見たときに、木と木の間を埋め尽くすように遠くの木が見えるため、森の外側の様子がまったく見えなくなるよ

◆森のように夜空は星で埋め尽くされている

うなものです。

この矛盾は、十八～十九世紀のドイツの天文学者ハインリヒ・オルバース（一七五八～一八四〇）の名前をとって、「オルバースのパラドックス」と呼ばれてきた天文学上の難問です。

理論上、夜空は明るいはず

ここで、星の明るさについて考えてみましょう。太陽が他の星と比べてとても明るいのは、太陽が特別な性質の星だからではなく、極めて私たちに近い場所にあるからです。太陽の明るさは、マイナス二七等星です。

星の明るさを示す単位に、「絶対等級」があります。絶対等級は、仮に三二・六光年の距離にすべての恒星を並べてみたときの明るさをいい、数字が小さくなるほど明るくなります。太陽は、絶対等級では五等星。宇宙の中ではとても平凡な明るさの星なのです。

星の明るさは、距離の二乗に反比例します。たとえば、絶対等級が一等の星を三二六光年先から見たら、距離が一〇倍で明るさは一〇〇分の一、すなわち六等星に見えます。

逆に、同じ星を三・二六光年の近さから見たら、マイナス四等星（金星と同じ明るさ）と同じくらいの光度になり、ずいぶん明るく見えることになります。

一方、全天にある星で考えるとどうなるでしょう？

条件の良いケースで考えてみます。空の暗いところで、目のいい人が肉眼で見える星の明るさは、見かけの等級で六等星くらいまでです。六等星までの目で見える星の総数は、全天で八六〇〇個程度です。このうち、地平線の上に半数が見えていることになるので、月明かりのない快晴の夜には、四〇〇〇個ほどの星が肉眼で見えていることになります。

望遠鏡を使うと、見える星の数と明るさはどうなるでしょう。肉眼で見える六等星の星より暗い星まで見えてきます。市販されている直径八センチメートルくらいの天体望遠鏡を用いても、理想的な条件下なら一二等星まで見えます。すると、全天で二〇〇万個の星が見える計算になるのです。

さらに、ハワイのマウナケアにある口径八・二メートルのすばる望遠鏡を用いると、眼視(がんし)では一八等星まで見ることができるので、計算上は三億個もの星が見えることになります。

このように考えていくと、「地球から遠いと星一つの明るさは暗くなるが、星の数も同じ比率で増えていくので、夜空は明るいはず」。このオルバースの主張は、間違っていないように思えます。でも、夜は暗い。いったい、何がその矛盾を引き起こしているのでしょうか?

秘密に迫るさまざまな説

オルバースのパラドックスに対して最も単純明快な説は、すべての恒星が地球を中心に規則正しく並んでいるというもの。つまり、手前の星の後ろに隠れるように星が並んでいるというアイデアです。

しかし、宇宙の中心に私たちがいるわけではないですし、星がそのように並ぶ理由もありませんので、却下されました。

一方、昔から考えられてきた説は、星の光が地球に届くまでに弱まってしまうというものです。事実、宇宙空間は完全な真空状態ではなく、星間物質と呼ばれるガスや塵が散らばっていて、わずかながら星の光を吸収・散乱しています（星間吸収といいます）。

星間物質とは、具体的には星と星の間に分布している分子雲や暗黒星雲などのことです。九九パーセントは水素とヘリウムを主成分とするガスで作られ、残りの約一パーセントが炭素や鉄などを主成分とする塵だと考えられています。特に、塵は光を吸収するため、遠くにある天体ほど光が弱くなります。

星間物質は、天の川（銀河面）に沿って多く分布しているので、確かにこの方向を遠くまで見通すことは可視光線では難しいのですが、天の川以外はかなり遠くまで見通せることがわかっています。つまり、星間吸収のみでは夜空が暗いことの解決にはならないのです。

推理作家が気づいた夜空の秘密

オルバースのパラドックスの解にいち早く近づいたのは、意外な人物、十九世紀の米国の作家エドガー・アラン・ポーでした。『モルグ街の殺人』や江戸川乱歩のペンネームの由来でも知られるこの作家は、晩年に発表した『ユリイカ（EUREKA）』の中で次のように述べています。

星々が無限に連なっているとしたら、空の背景は、銀河によって示されるように一様に輝いて見えるだろう――なぜなら、星のない場所は、背景全体にわたってただの一か所も存在しえないからである。このような状態で、我々の望遠鏡が星のない空虚の場所をあちこちの方角に見いだす事実を理解する唯一の論法は、目に見えない背景までの距離がたいそう遠いため、そこからの光が、いまだにまったく我々のもとに届いていないと考えることである。

エドワード・ハリソン著、長沢 工監訳『夜空はなぜ暗い?』より一九二九年、米国の天文学者エドウィン・ハッブルは、遠くの銀河ほど高速で私たちから遠ざかっていることに気づきました。これは、遠方においては銀河の後退速度が光の速度を超えるため、そこから先の情報が伝わってこないということです。すなわち、ポーが考えたように、宇宙には壁（地平線）があるため、無限の遠くは見通せないことになります。

エドウィン・ハッブル
（一八八九～一九五三）

やっぱり宇宙は光っている

宇宙には地平線があるのでしょうか？　この問いに答えるために、宇宙の起源をたどってみましょう。

現在、有力視されているビッグバン宇宙論は、一九四〇年代に提唱されました。

宇宙はビッグバンと呼ばれる相転移をきっかけに、火の玉状態で誕生したという説です。宇宙がビッグバンから膨張する過程で、水素やヘリウムなどの原子核が誕生し、宇宙空間を電子が飛び回るようになりました。この電子は光子の進行を邪魔するため、光はまっすぐに進むことができず、混沌とした状態でした。

宇宙は、膨張するにつれてどんどん温度が下がっていきました。それにともなって電子の運動エネルギーが下がり、水素やヘリウムなどの原子核に電子が取り込まれました。すると、それまで自由に動く電子によって進行が邪魔されていた光子が宇宙空間を直進できるようになりました。この瞬間を、宇宙の晴れ上がりと呼びます。

その際、宇宙に解き放たれた光はどうなったのでしょう?

もし、今でも目で見える光（可視光）として宇宙を直進しているとしたら、地球にいる私たちから見ても夜空全体が明るく輝いているはずです。ところがそうでないのには理由があります。解き放たれた光は「赤方偏移（せきほうへんい）」によって、目には見えない光、すなわち電波になってしまったのです。

◆赤方偏移とドップラー効果

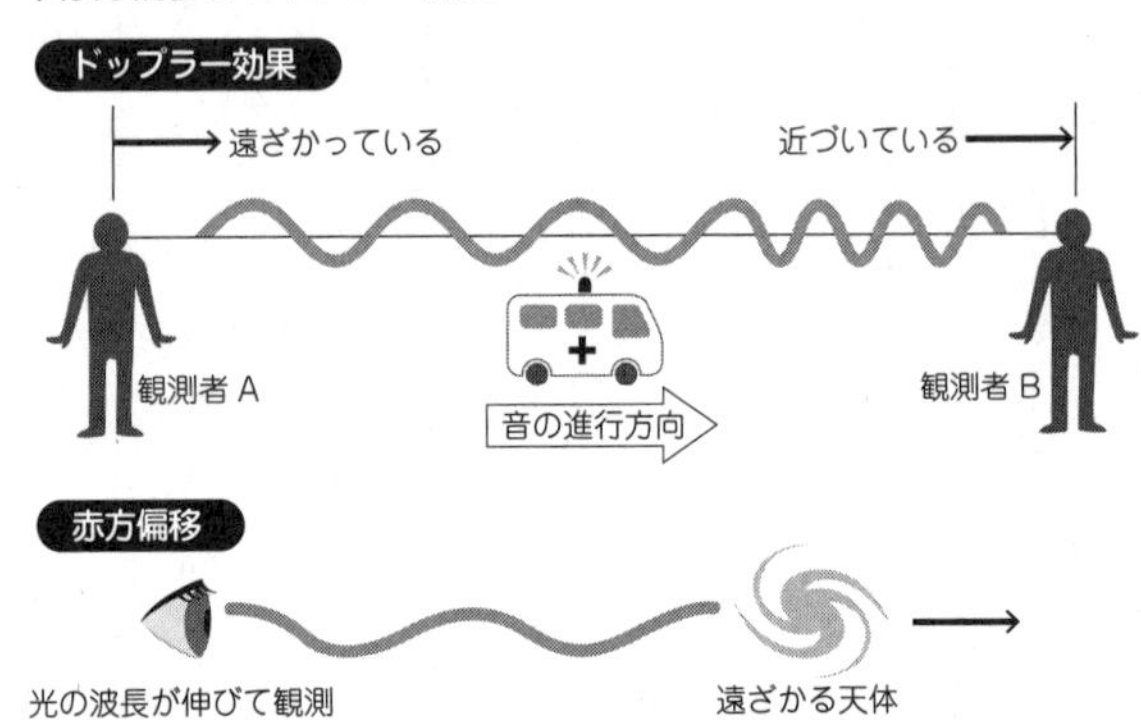

赤方偏移とドップラー効果

「赤方偏移」は、耳慣れない言葉ですね。学生の頃、物理の授業で「ドップラー効果」という言葉を習った人もいると思います。

たとえば音波や電磁波（光）を放つ物体があるとして、自分のほうに近づいてくるときは、波の幅が狭まって波長が短くなります。逆に、自分から遠ざかっていくときは、波の幅が広がって波長が長くなります。これがドップラー効果です。

これは、救急車のサイレンの音の変化で誰もが経験しています。救急車が自分のほうに近づいてくるときと、救急車が目の前を通りすぎて遠ざかっていくときの音は、後者のほうが低く聞こえます。ちなみに、池などでアメンボを見かけたら水面に作る波紋をよく観察してみてください。進行方向は波紋の幅がやや狭く、後方は波紋の間隔が広くなっていることに気づくでしょう。これも、ドップラー効果です。

星の光も、同じです。宇宙の膨張によって、星々は遠ざかっています。そのため、高速で宇宙に解き放たれた光は、地球から見ると波長が伸びて赤く見えるのです。これを「赤方偏移」と呼びます。ビッグバンから百三十八億年の間に、光の波長はずいぶんと引き伸ばされ、現在では、赤い光どころか赤外線も超えて、絶対温度で３Ｋ（ケルビン）に相当する電波（マイクロ波）として、宇宙のあらゆる方向から地球に届いています。これを「宇宙背景放射」といいます。

一九六五年、米国ベル研究所のアーノ・ペンジアスとロバート・ウィルソンによって発見された宇宙背景放射こそが、天空全面を覆っている光なのです。ただし、宇宙の膨張によって、私たちの目では見ることができない波長に変化してしまったのです。もしも、私たちの目がマイクロ波まで感じることができるなら、オルバースの言うとおり、夜空は明るいのです。

星の寿命が短い

オルバースのパラドックス、すなわち夜空が暗いのには、もう一つの理由があります。それは、目で見える星の光のみで夜空を明るくするには、星の年齢（宇宙の年齢）が若すぎることです。

このことに気づいたのは、十九世紀後半に活躍した英国の科学者ウィリアム・トムソン（のちのケルビン卿（きょう））（一八二四〜一九〇七）でした。宇宙では、次々と星が生まれています。生まれた星のすべてが無限に輝き続けるのなら、無限に星が生まれて無限に生きることで、理論上、夜空は明るくなります。

ところが実際には、明るく輝く星の寿命は数千万〜数億年程度で、長生きする暗い星でも百億年程度です。宇宙が誕生して百三十八億年の間に、星は生まれて死んでいくことをくり返しています。このため、無限に星が増え続けて夜空が明るく照らされることはないのです。

トムソンは、恒星の光のみで夜空を明るく照らすには、恒星の寿命が短すぎることに気づきました。彼は物理学上の計算から、宇宙を現在の一〇兆倍もの広さにするか、または、星の密度や寿命を桁違いに大きくしない限りは、夜空が明るくならないことを証明しました。

このように、星の明るさのみで夜空が明るくならないのは、宇宙が有限であり、星の寿命も有限であることの証（あかし）ともいえるのです。

理論上
夜は明るいはず
でも、眠るには
夜が暗くてよかった
ムニャ
ムニャ

勇者オリオンの右肩がなくなる日

オリオン座の赤い一等星

日本人が最もよく知っている星の並びは、北天の北斗七星と並んで、冬の王者オリオン座だそうです。一等星二つと二等星五つで構成された鼓（つづみ）の形は、一度覚えると決して忘れられない特徴的な星の配列です。

勇者オリオンのベルトの位置にあたる三ツ星は、東の地平線からは縦に三つ並んで登場し、南天高くをほぼ横に並んだ形で通過していきます。つまり、星座は東の空、南の空、西の空と、移動とともに見える角度が変わっていきます。時刻が変わると傾きが変わる勇者の姿を確認してみましょう。

そんなオリオン座に近い将来、超新星爆発をする可能性があるとして注目されている恒星があります。それは、オリオン座の赤い一等星ベテルギウスです。おおいぬ座のシリウス、こいぬ座のプロキオンとともに冬の大三角を形作っている星で、

◆オリオン座とベテルギウス

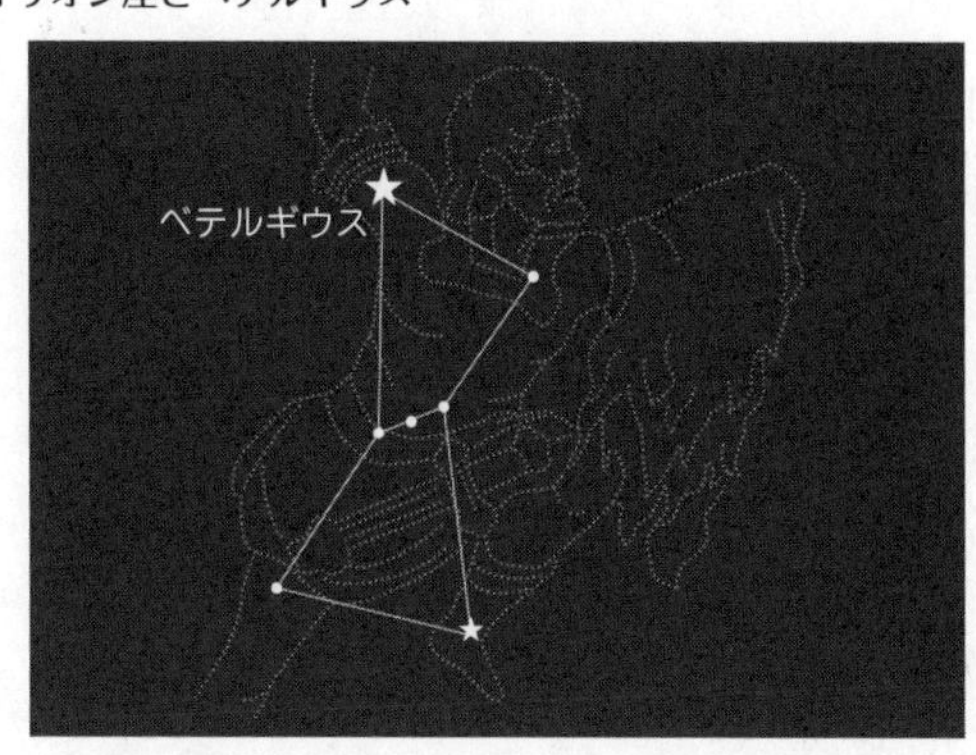

全天で九番目に明るい恒星です。
一般に恒星はその一生を過ごした後、大きくふくれあがって赤色巨星となり、その後、軽い星は惑星状星雲を経て白色矮星に、重い星は超新星爆発をして、最期は中性子星かブラックホールになります（九一頁）。
ベテルギウスは、直径が太陽の一〇〇〇倍近くある赤色超巨星の一つです。仮に、太陽の位置にベテルギウスを置くと、木星付近にまで達してしまうほどの大きさです。ハッブル宇宙望遠鏡の観測により、直径が年々変化していること、表面の形が丸くなくでこぼこしていることがわかりました。このことからすでに晩年を迎えていること、質量からしても間違いなく超新星爆発をして一生を終えると考えられています。

ベテルギウスはすでに爆発している？

超新星爆発の様子を、人類は過去に目撃したことがあります。たとえば、おうし座の角の先にある、かに星雲（M1）は、平安時代にあたる一〇五四年に爆発した星の残骸です。一〇五四年当時、爆発した星の光が、昼間でも数日間は見えたと歌人である藤原定家の日記『明月記』に伝聞として書き残されています。この爆発の様子は、中国の文献にも「客星」として残されていますが、ヨーロッパをはじめとする他の国では不思議なことに記録が残っていません。

私たちの住む天の川銀河の中で起こる超新星爆発は、平均すると、百年に一回程度の頻度で見られると予想されています。ただ、あいにく天体望遠鏡が発明されてからのこの四百年間、明るい超新星は現れていません。

オリオンの右肩にあたるベテルギウスは、日本では古くから「平家星」と呼ばれ、同じオリオンの左足にあたる「源氏星」（リゲル）とともに親しまれてきました。

オリオンの老星、ベテルギウスが最期のときを迎えようとしていることを、天文学者たちは固唾(かたず)を飲んで見守っています。地球からベテルギウスまでの距離は、約六四〇光年。これほどの近距離で超新星爆発を目撃するのは、人類史上初のことです。

これまで解明しきれなかった超新星爆発のメカニズムが明らかになるばかりか、私たちの体を形作っている元素の起源についても重要な情報を与えてくれることと期待が高まっています。

ベテルギウスが爆発する様子を見ることができるのは今夜かもしれませんが、天文学者の多くは、百万年以内に爆発すると考えています。ベテルギウスが爆発すると、三〜四カ月の間は満月の一〇〇倍もの明るさで輝き、昼でもはっきり見えることでしょう。そして、四年もすると肉眼では見えない明るさになってしまいます。つまり、巨人オリオンは右肩を失ってしまうのです。

ところで、太陽系からベテルギウスまでは約六四〇光年の距離があります。光が六百四十年かかって進むことができる距離ですので、超新星爆発が起こったとしても、六百四十年間はその事実に私たちは気づきません。ですから、もうすでにベテルギウスが爆発している可能性もあるということです。

旅先でしか見られない星空

日本は天文台大国

満天の星を眺める――街中に住んでいると、なかなかそんな機会がありません。

人工衛星が撮影した夜の日本列島の姿を見ると、日本列島の形がまるで街灯や道路・鉄道などの光で描かれているように見えます。飛行機で夜間飛行する際に気づく人もいると思いますが、日本のほとんどの場所が、人家や商店街、道路、グラウンドのナイター照明などによって夜も光であふれています。

そんな日本を離れて、星空がきれいなニュージーランドや北欧の国々に出かけたいと思っている人もいるかもしれません。しかし、海外に行かなくても、日本国内にも素敵な星見のポイントがいくつもあります。

たとえば、日本全国に公開している天文台施設、すなわち公開天文台は四〇〇施設以上あります。公開天文台の多さは、日本独自の文化といえます。お隣の韓国では、五〇施設程度といわれています。海外では、「天文台」といえば大学や研究機関が所有する研究施設のことです。日本人は、世界の中でも星好きなのかもしれません。

世界で最も大きな公開天文台は、兵庫県の西はりま天文台です。西はりまには、日本最大口径の二メートル反射望遠鏡があります。肉眼では確認できない遠い宇宙の様子をのぞき見ることができます。西はりまが西の横綱なら、東の横綱は群馬県の県立ぐんま天文台です。ぐんま天文台にも一・五メートル反射望遠鏡があります。

日本最北端と最南端の星空

私が訪ねたことがある中で最北端の公開天文台は、北海道のなよろ市立天文台きたすばる。二〇一〇年にオープンした市立天文台です（北緯四四度二二分）。さまざまな音楽イベントも行われているユニークな天文台です。

一番驚いたことは、はくちょう座の一等星デネブが、一年を通じて地平線の下に沈まないことです。夏の大三角のこと座のベガ（織り姫星）が、日本の多くの地域

◆冬の夜空（12月）に名寄で見えるデネブ

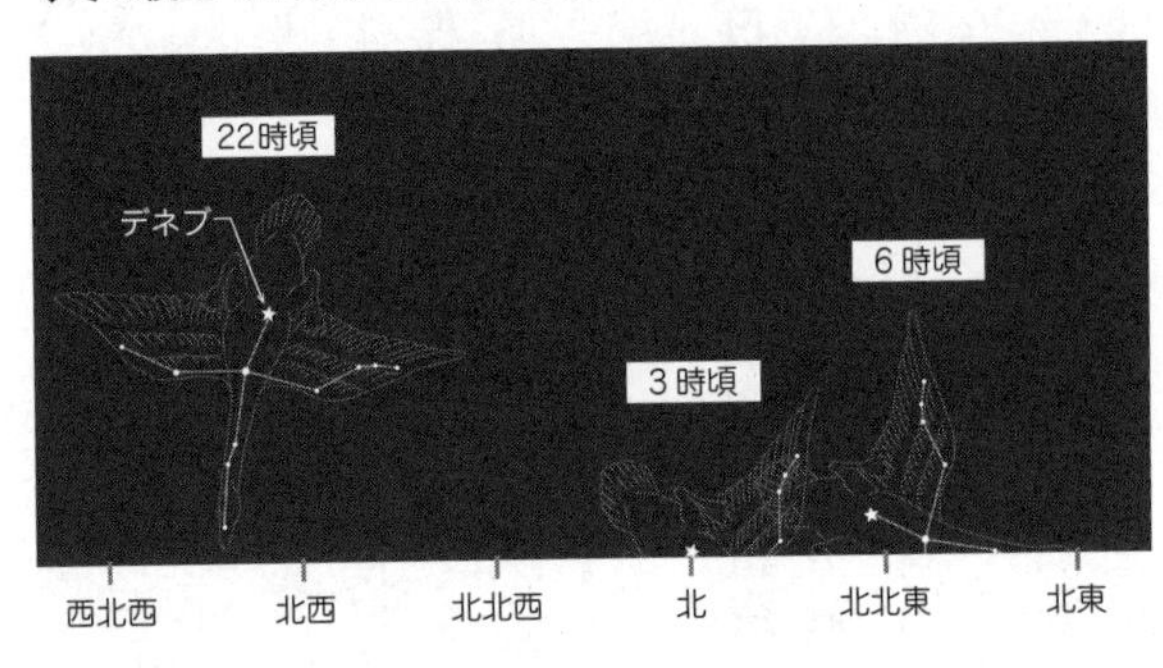

では夏の夜空で真上を通過するのですが、ここ北海道では、デネブが真上を通過します。

デネブを含めて、はくちょう座の星の並びは「北十字」とも呼ばれるのですが、日本の多くの地域では、秋になると北十字は西の空に沈んでいきます。しかし、緯度の高い名寄では、北十字の先端のデネブは沈まない星、つまり「周極星」の一つなのです。

一方、私が訪ねたことのある最南端の公開天文台は、沖縄県の石垣島にある「石垣島天文台」です。地元石垣市と国立天文台など六者が共同で運用しているユニークな天文台です。

北緯二四度二二分にあり、北海道の名寄からは二〇度も緯度が下がります。石垣島天文台の特徴は、口径一・〇五メートルの「むりかぶし望遠鏡」です。むりかぶしは、沖縄の言葉で「すばる」を意味します。

春になると、石垣島で南十字星を見ることができます（六月前半までがチャンスです）。日本で南十字星全体を見るには、沖縄でも石垣島付近まで南下しないと無理です。太陽系に一番近い恒星ケンタウルス座α星も、ここ石垣島でなら見ることができます。

北極星はどこに見える？

全天には、八八個の星座があります。地球上では、経度が異なる場所では、見える星座は同じですが、春夏秋冬で変化していきます。一方、緯度が異なる場所では、同じ季節でも見える星座が変わってきます。

たとえば、天の南極周辺にある星は、赤道を越えて南半球に行かないと見えません。そのため、日本からは天の南極近くにある四つの星座（はちぶんぎ座、ふうちょう座、カメレオン座、テーブルさん座）は、まったく見ることができません。

逆に南半球にいると、北極星を見ることはできません。北極点に立って真上を見

◆天の南極周辺にある４つの星座

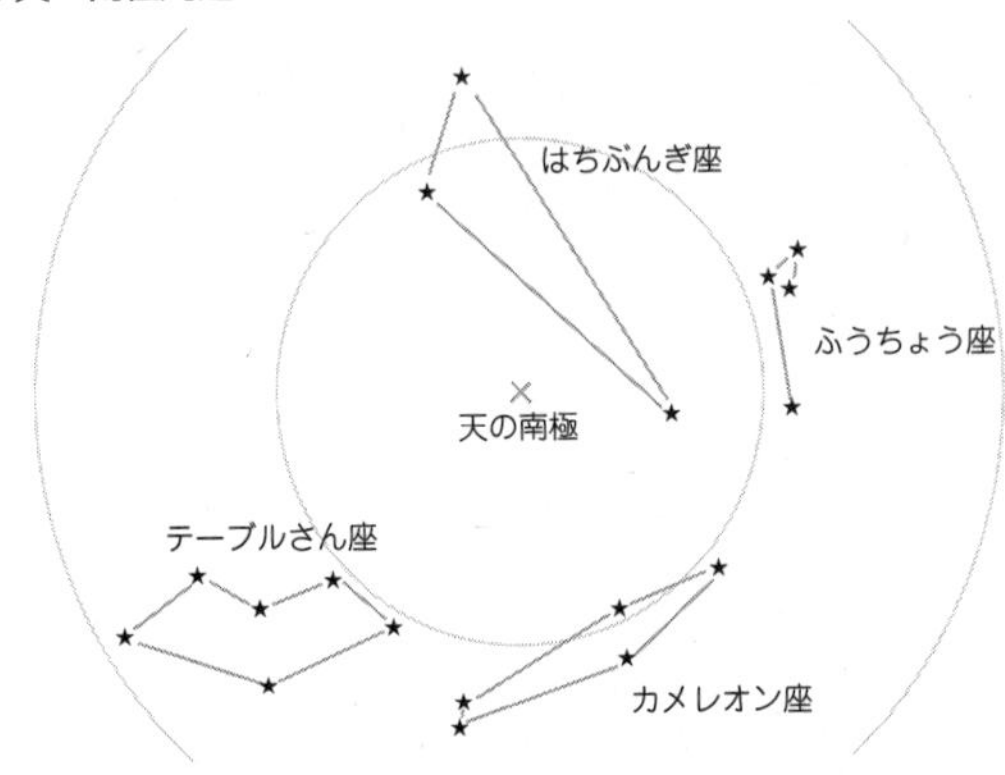

上げると北極星が見えますが、赤道に行くと、北極星は地平線すれすれに見えます。

北半球で道に迷ったら、北極星が頼りです。北の方位を示してくれるばかりか、北極星の高度が自分のいる緯度と等しいからです（一八頁）。

また、全天には、一等星以上の明るさの恒星が二一個あります。一番明るい恒星は、おおいぬ座のシリウスでマイナス一・五等星、次はりゅうこつ座のカノープスでマイナス〇・七等星といった具合です。

ただ、カノープスは北日本で見ることはできませんし、みなみじゅうじ座の一等星（アクルックス、ベクルックス）は日本のほぼすべての場所で見ることができません。日本国内では、石垣島などの八重山諸島に行くことで、二一個の一等星全部を見ることができるようになります。

このように、その場所でしか、その季節でしか、またはその環境でしか見えない天体があります。旅先ならではの天体観測を楽しむことは、人生を少し豊かにしてくれる気がします。

これから南半球へ
南十字星を
見に行ってくるよ

火星に生命は存在する？

火星大接近

夜空に、赤い星が輝いていることがあります。太陽の通り道（黄道）の近く、すなわち東の空から南の空を移動し、西の空に沈んでいくルート上にひときわ赤く輝いている星。それは、おそらく火星です。

冬なら、おうし座やふたご座など南天の高い星座の中に、夏なら、さそり座やいて座のように南天の低い星座の中に見えます。火星は、太陽の周りを一・八八年（一年と十カ月）で一回、公転しています。一方、地球は一年で一回公転するので、火星と地球では太陽を回る速さが異なります。

天体の運行の道筋を「軌道」と呼びます。火星と地球がそれぞれ自分のペースで軌道を運行していくと、約二年二カ月ごとに、太陽と地球と火星が直線上に同じ位置関係で並びます。太陽－地球－火星の順で並んだときを「衝（しょう）」と呼びます。こ

◆火星と地球の接近

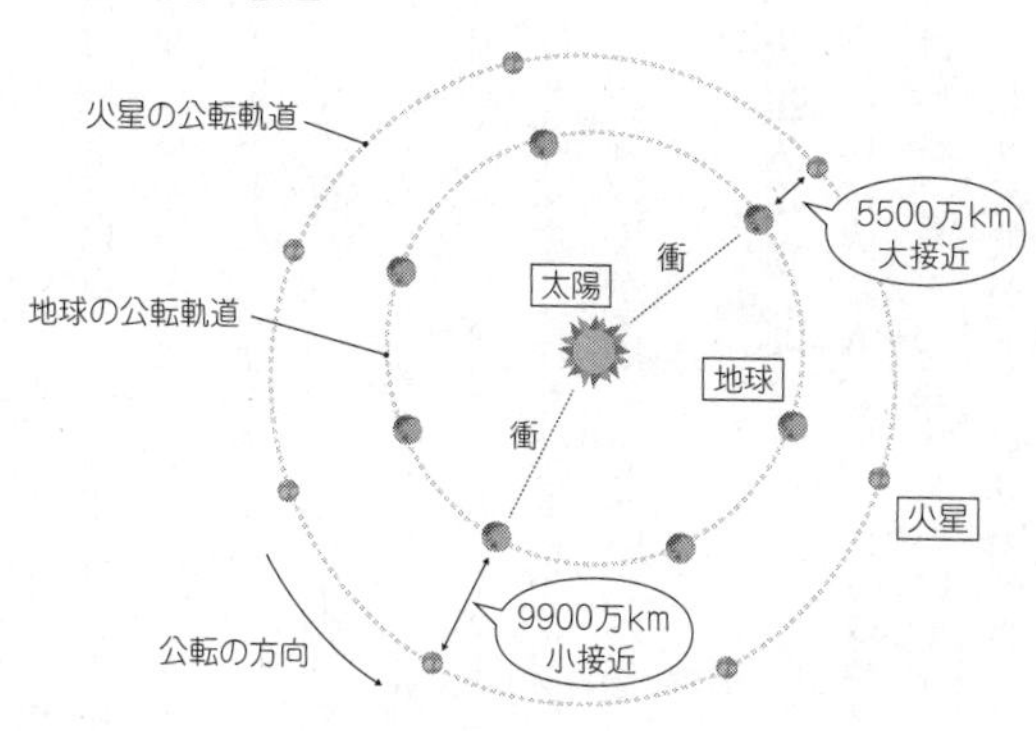

のタイミングで、火星が地球に近づくわけです。太陽の反対方向ですから、衝を迎えると、真夜中、南の空に火星は輝いています。

衝の中でも、火星が最も地球に近づくときを「火星大接近」と呼びます。このときの地球と火星の距離は、五五〇〇万キロメートル程度です。

一方、衝の中でも地球と火星との距離が最も遠いときを「火星小接近」といいます。このときの距離は、九九〇〇万キロメートル程度。同じ衝のタイミングでも、これほど接近距離が違うのは、おもに火星の軌道が楕円であるためです。地球の軌道も厳密にいうと楕円ですが、火星に比べると、軌道のつぶれ具合はごくわずかです。

二〇一八年と二〇二〇年は、「火星大接近」を楽しめる好機でした。通常の火星接近のときには、一等星より若干明るく見える程度ですが、大接近のときは、不気味なくらい明るく、大きく見えます。そんな火星の姿は、歴史的にもさまざまな騒動を引き起こしてきました。

日本では一八七七年、西南戦争が起こり、その年の九月に西郷隆盛が自決しました。そのとき、火星と地球との距離は五六三〇万キロメートル。火星は地球と衝の位置に並び、マイナス三等もの明るさで深夜に輝いていたといいます。妖（あや）しげに赤く輝く火星を、当時の人々は「西郷星」と呼びました。火星の表面に、西郷の姿が見えるとのうわさが絶えなかったそうです。

火星人を探して

火星には火星人がいるのか？――これまでに多くの小説や映画の題材として取り上げられ、人々の興味を惹（ひ）いてきたトピックスです。

十九世紀末から二十世紀初め、米国にパーシバル・ローウェルという資産家がいました。彼はあるきっかけで、火星に魅せられてしまいます。それは「火星表面に運河が見られた」という誤報から始まりました。

当時、イタリアの天文学者のジョバンニ・スキャパレリ（一八三五〜一九一〇）が、火星の詳細なスケッチを残していました。スケッチには直線状の構造が複数描かれ、これをスキャパレリはイタリア語で水路を意味する「canali」と表現しました。この言葉が「canal＝運河」と英語に誤訳されて伝えられ、ローウェルは火星に運河を建設するくらいの高等な生物、つまり火星人が住んでいると信じ込んでしまったのです。

ローウェルは私財をなげうって、アリゾナ州に私設の天文台を建設し、火星の観測に没頭しました。じつは今から百年くらい前まで、火星人の存在はかなり一般的に信じられていました。

結局、火星人がいるのかどうか真偽はわからぬまま、ローウェルは火星文明を空想しながら、その生涯を閉じます。「火星には火星人がいない」と人類が認識するのは、火星に探査機が向かうようになった一九六〇年代以降のことです。

この火星運河説に影響を受けた、英国の作家のH・G・ウェルズは、一八九八年に『The War of the Worlds（宇宙戦争）』を発表します。地球人より高度な文明を持つタコ型火星人が地球に攻めてくるという内容のSF小説の名作です。四十年後、名優オーソン・ウェルズがラジオドラマとして、この作品を放送しました。

一九三八年に全米で放送されたこのラジオドラマは、火星人がアメリカに攻めてきたという設定でした。放送中、「これはドラマです」という説明がたびたび入れられたにもかかわらず、ドラマは全米に大パニックを引き起こしました。多くのリスナーが、現実に火星人が攻めてきたものと思い込んでしまったのです。

進む火星探査

ラジオドラマが全米にパニックを引き起こしてから時代が下り、二十世紀後半の宇宙開発時代に入ると、無人探査機が次々と火星を来訪しました。一九六四年、米国が打ち上げた探査機「マリナー4号」は、一九六五年に世界で初めて火星の近接撮影に成功しました。

マリナー4号から送られてきた画像を見ると、運河はもちろん、生き物の気配はまったくありませんでした。火星の大気は地球の一七〇分の一、平均気温もマイナス四三度と過酷な環境であることもわかりました。

火星が赤く見えるのは、その表面が鉄さび、すなわち酸化鉄を含む砂で覆われているからです。また、火星は地球と同じように地軸が二五度傾いているため、四季の変化が起こります。わずかにある大気は、そのほとんどが二酸化炭素です。

これまでにも数多くの火星探査機が打ち上げられました。二〇一一年には、NASAが重量約一トンの本格的火星探査ローバー「キュリオシティ」を送り出しました。キュリオシティは六輪駆動で、巨大な岩をも乗り越えられる能力を持ちます。

キュリオシティの火星探査から、火星の岩石には粘土鉱物や硫酸塩鉱物が含まれていることがわかりました。粘土は粒子の極めて細かいケイ酸塩鉱物で、水が含まれていたと推定されています。これらの鉱物を含む岩石が堆積した時代、火星表面の水に塩分はそれほど多くなく、中性に近い性質であったこともわかりました。

太古の火星は、穏やかな海で覆われ、生命が誕生しやすい環境だったようです。さらにNASAは二〇二〇年にローバー「パーサビアランス」を投入。二〇二一年四月には、火星飛行実験用ヘリコプター「インジェニュイティ」が初飛行に成功しました。今のところ、生命の痕跡の発見の一報はありませんが、今後の探査に期待が持たれています。

見られると縁起がいい星⁉

冬の星空の見どころ

夜空を見上げるのに、一番のおすすめは冬の星空です。冬の時期、晴れると空気が澄んでいるので夜空はとてもきれいです。

そして、冬の星空はとても華やかです。一等星が七つもあります。その中で最も目立つ星は、南東の低いところに見えているおおいぬ座のシリウスです。シリウスはマイナス一・五等星。地球から八・六光年離れた位置にある近い距離の星でもあり、夜空の中でずば抜けて明るく輝く恒星です。

シリウスから時計回りに、こいぬ座のプロキオン、ふたご座のポルックス、ぎょしゃ座のカペラ、おうし座のアルデバラン、オリオン座のリゲルを結ぶと冬のダイヤモンドと称される大きな六角形ができます。さらに、その六角形の中にオリオン座のベテルギウスがオレンジ色の光を放っています。

◆冬のダイヤモンド

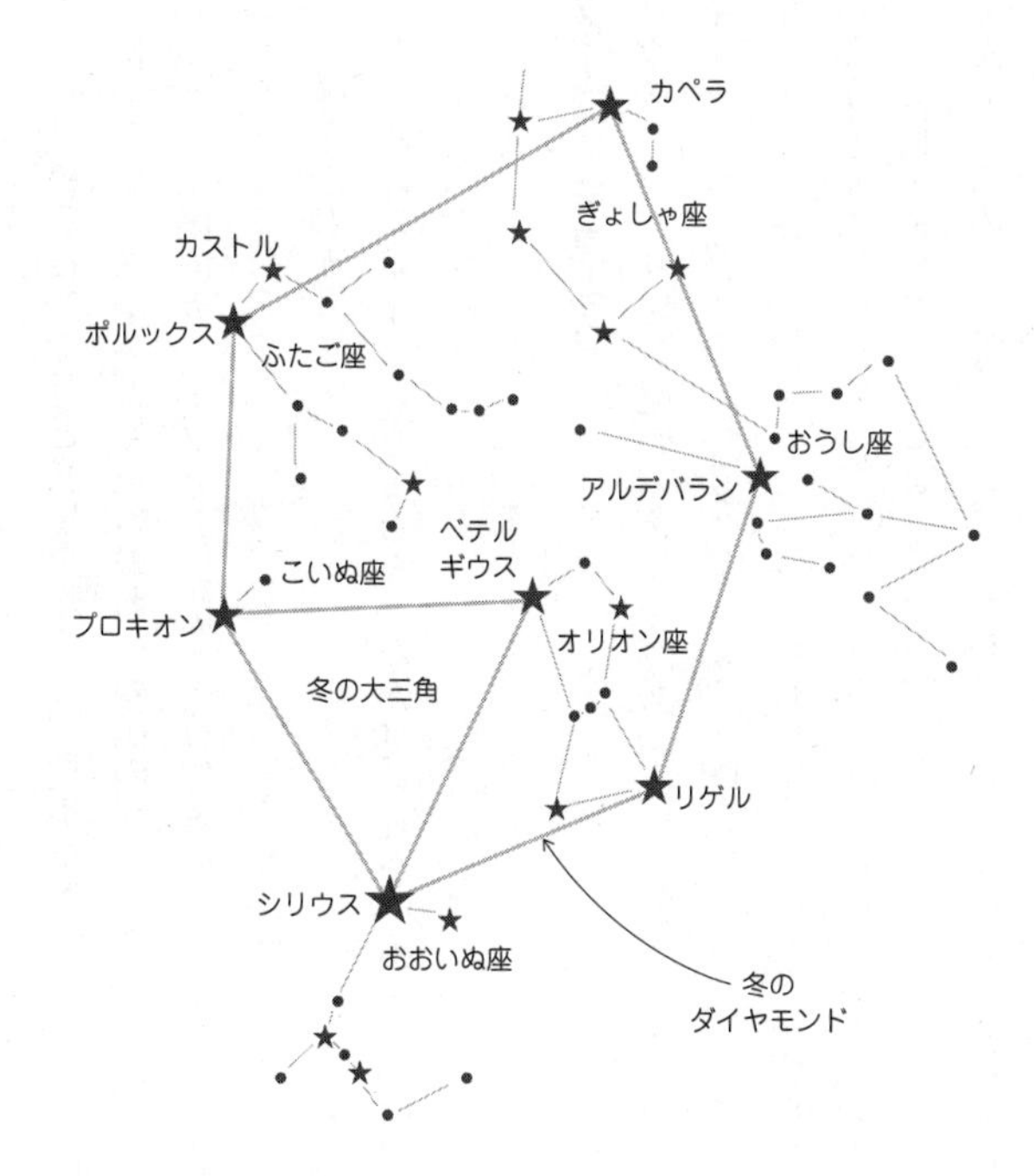
カペラ
ぎょしゃ座
カストル
ポルックス
ふたご座
おうし座
アルデバラン
ベテル
ギウス
こいぬ座
プロキオン
オリオン座
冬の大三角
リゲル
シリウス
おおいぬ座
冬の
ダイヤモンド

地上から眺める夜空で月と惑星を除くと、星座を形作っている恒星の中で明るい順に一位＝マイナス一・五等星のおおいぬ座のシリウス、二位＝マイナス〇・七等星のりゅうこつ座のカノープス、三位＝ゼロ等星のアルファ・ケンタウリ（南天、春）、アークツゥルス（春）、ベガ（夏）の三つという順になりますから、冬の星空がいかに豪華かわかります。

しかし、実際に見ようとしてもなかなか見られないのが、「南極老人星」と呼ばれるカノープスです。

カノープスを見よう

シリウスは、オリオン座のベテルギウス（赤い一等星、〇・四等星）、こいぬ座のプロキオン（〇・四等星）と「冬の大三角」を形作っていて、とても見つけやすい星です。一方、全天で恒星としては二番目に明るいにもかかわらず、カノープスを見たことがある人は少ないはず。カノープスは、南のとても低いところ、地平線からわずかにしか顔をのぞかせない星なのです。

そのため、この星を眺めると縁起がいいという伝承が生まれました。お隣の国・

中国では、この星を南極老人星と呼び、「この星は戦乱の際には隠れ、天下泰平のときにしか姿を見せない」という信仰があったそうです。長生き・健康だけでなく、世界の平和を祈念してこの星を探してみましょう。

場所は、ほぼシリウスの真南（若干、西より）。シリウスからこぶし三つ半分（三五度）も南に下がったところなので、シリウスが真南に来る時刻の少し前の時間が見つけるチャンスです。南の地平線・水平線が見えているような開けた場所でないと無理です。残念ながら日本では福島県以北だと難しいでしょう。

カノープスの赤緯はマイナス五二・七度、北限は北緯三七度一八分、福島県いわき市あたりです。ただし、地平線近くの星の光は大気によって屈折するので、実際の位置より浮き上がって見えます。

これを「大気差」と呼びます。大気差も考慮に入れると、新潟市から福島県相馬市を結んだ線あたりが北限です。

一月末から二月中旬にかけては空が澄んで乾燥している日が多いので、東京では見ることが比較的容易です。

地平線に近い低いところなので、大気に光が吸収されて、一等星のように明るく

◆カノープスの見つけ方

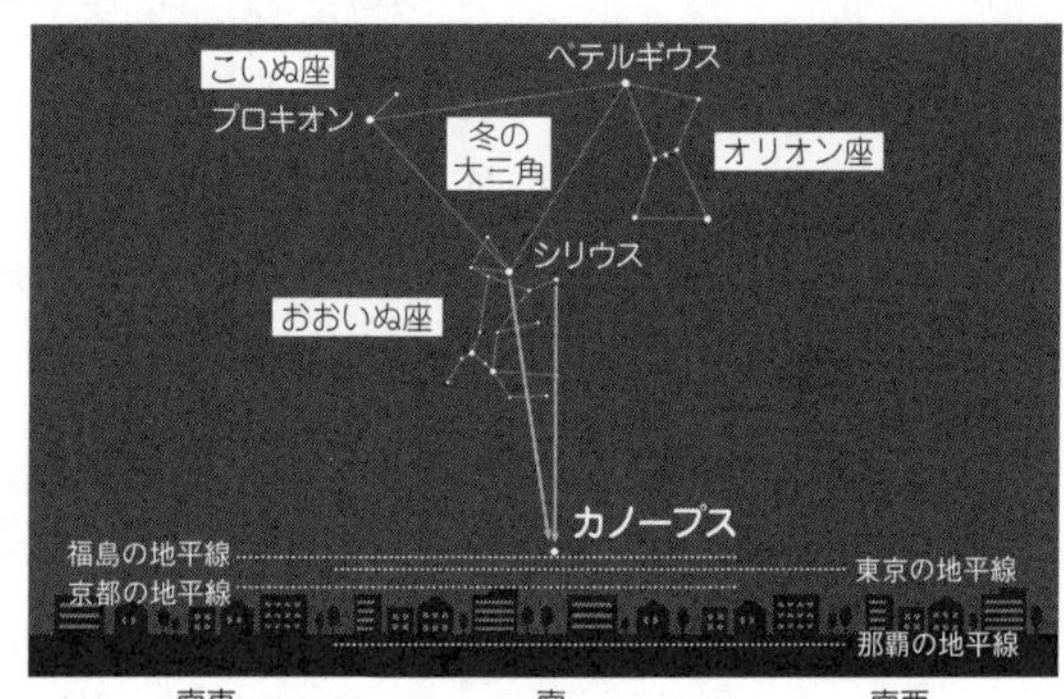

は輝きませんし、色も本来は白っぽい星ですが、夕日と同じ原理（光の波長が長い）で赤い星に見えます。ぜひ、地平線まで澄み切った夜にはチャレンジしてみてください。

清少納言おすすめの星

冬の空でぜひ見つけてほしいもう一つの天体は、「すばる」星団です。「星は、すばる」と平安時代の歌人、清少納言が『枕草子』に記したように、すばるは冬の空でひときわ魅力を放っています。

『枕草子』には、「星は、すばる。彦星。夕づつ。よばひ星、すこしをかし」とあります。清少納言がおすすめの天体は、すばる、織り姫（当時は今の織り姫星を彦星と呼んでいました)、金星(夕星)、流れ星(夜這星)というわけです。

おうし座の赤い目玉の一等星アルデバランから少し右上、おうし座の背中に星が寄り集まっている姿がすばるです。肉眼では、ごちゃごちゃと星が集まったように見えて「むつらぼし」(六つの星の集まり)とも呼ばれます。双眼鏡で見ると、夜空に宝石をばらまいたような素敵な姿が見えるでしょう。「すばる」は大和言葉、つまり和名です。国際的にはプレアデス星団と呼ばれます。M45という番号も振られています。この星団は散開星団といって、赤ちゃん星の集まりです。

一方、オリオンの三ツ星のすぐ下を見ると、淡い雲のようなオリオン大星雲があります。星は、このようなガスの塊から、すばるのように集団で生まれてきます。そして、年をとるとガスを吐き出して、その一生を終えます。そのガスからまた、次の世代の星が生まれるのです。

ずっと昔に、どこかの星から受け継いだガスから太陽や太陽系が生まれ、そして地球や私たち生命も誕生しました。そう考えて冬の星空を見ていると、自分と宇宙がつながっているような感じがしてきます。

地球に天体が衝突するとき

地球に迫る小惑星

四十六億年の歴史において、太陽系はその誕生から現在に至る間に、天体同士の衝突を絶えずくり返してきました。人類は、幸いにも今までに大きな天体衝突を体験していません。しかし、過去には地球でも、天体衝突によって、恐竜の絶滅をはじめ、地球上の生物に深刻な影響を及ぼし、多くの種の絶滅をくり返してきました。

映画『アルマゲドン』や『ディープ・インパクト』のように、小惑星や彗星のような小天体の衝突は、近い将来に起こり得る（というか、いつか必ず起こる）現象なのです。

小惑星探査機「はやぶさ」の活躍によって、「小惑星」と呼ばれる天体が身近に存在していることを、多くの日本人が知ることになりました。小惑星とは、太陽系の中で太陽の周りを惑星と同じように公転している天体のうち、大型の八つの惑星（水星、金星、地球など）を除く小さな天体たちのことです。いずれも肉眼で見ることは難しいのですが、すでに一〇〇万個を超える小惑星が発見されています。

望遠鏡で見ると、小惑星は星のように点像に見えますが、同じ太陽系内の小天体である彗星はボーッと拡がった姿をしています。ただし、近年、その中間的な天体も見つかっており、小惑星と彗星の区別はあまり明確でなくなっています。

小惑星の中でも大型で、準惑星という別称を持つケレスでさえ、直径が約九五〇キロメートルというサイズ。これは日本列島と同じくらいのサイズですから、地球に比べてずいぶん小さいことがわかります。小惑星のほとんどは、直径が数十キロメートル以下です。はやぶさが訪問したイトカワに至っては、直径が五〇〇メートル程度しかありません。

これらの小惑星のほとんどは、火星と木星の間の小惑星帯に位置していますが、中には地球に近づくものもあります。イトカワや、「はやぶさ2」が探査したリュウグウをはじめ、小惑星番号４３３番エロスや１５６６番イカルスなどがあります。これらは特異小惑星、またはＮＥＯ（Near Earth Object）と呼ばれています。

スペースガードの活躍

六千六百万年前にメキシコのユカタン半島に衝突して恐竜を絶滅させた天体も、直径一〇キロメートル程度の小惑星ではないかと考えられています。また、小惑星以外に、長い尾を持つ彗星なども地球に衝突する可能性があります。

また、地球の周りには、すでに使われなくなったロケットや人工衛星が多数飛び交っており、このような宇宙のゴミは「スペースデブリ」と呼ばれています。小惑星や彗星に比べるとずっと小さいとはいえ、スペースデブリは毎年増える一方で、人工衛星や国際宇宙ステーション（ＩＳＳ）に衝突して、大きな被害を引き起こす可能性があります。このような、ＮＥＯや彗星、スペースデブリの動きを監視する仕事を「プラネタリー・ディフェンス」、または「スペースガード」といいます。

国際スペースガード財団は、地球に衝突する可能性のある小惑星、彗星をはじめとする地球に近いところにある小天体の発見と監視を、国際協力の下で行っています。ＪＡＸＡからの委託の下、日本でこの仕事をおもに担っているのが、ＮＰＯ法人日本スペースガード協会です。

日本スペースガード協会では、岡山県に「宇宙デブリ及び地球近傍小惑星の観測施設」を所有しています。上斎原スペースガードセンターと、美星スペースガードセンターです。国際的にはアメリカ、イタリア、ロシアなどが、日本よりスペースガードに熱心です。特に成果が著しいのは、ニューメキシコ州のＬＩＮＥＡＲと、ハワイにあるＮＥＡＴという自動捜索プロジェクト、つまりロボット望遠鏡による計画的な掃天観測（一定範囲の夜空を観測すること）です。

衝突を回避する方法は？

さて、地球に衝突する天体が見つかったら、実際にどうすればよいのでしょう？何としても衝突を回避しなければ、地球の未来はありません。

彗星や小惑星のような小天体の場合、軌道（天体の通り道のこと）をずらすことは不可能ではありません。また、軌道をわずかに変えるだけで、地球への衝突を回避することが可能です。さまざまな方法が検討されていますが、いずれにせよ、軌道を変えるためのソーラーセイル、ロケットエンジンなどを大型ロケットに載せ、迅速に小天体まで送り届けなければなりません。

たとえば、ソーラーセイルを宇宙に打ち上げて小天体に軟着陸させ、太陽電池パ

◆軌道を変えるためのソーラーセイル

ネルでできた巨大な帆を張ります。そして太陽からのエネルギーを利用して、風を受けて進むヨットのような形で小惑星の軌道を変えるのです。または、ロケットエンジンを打ち上げて軟着陸させ、点火することで小惑星の向きを変える方法もあります。

一時は、核兵器を用いる案が提案されたこともありました。しかし、宇宙空間のみならず地球大気を大きく汚染する可能性が高いため、使用を禁止する意見のほうが多数です。

しかし、地球に向かってくるNEOや彗星が、地球近くにまで接近してしまうとお手上げです。地球に衝突する前に破壊したとしても、破片が地球に落ちる、すなわち隕石衝突で被害が深刻になることもあり、地球への影響は避けられません。

まるでSFに登場する地球防衛軍のように、スペースガードセンターは、私たちの暮らしを守る大切な仕事を担っているのです。なお、日本スペースガード協会によると、地球に天体が衝突して人が死亡する確率は、飛行機事故で人が死亡する確率とほぼ等しいそうです。地球に天体が衝突するとき、その天体の大きさによっては人類滅亡の時を迎えるかもしれません。

常に宇宙に目を光らせているんだよ！
Space guard

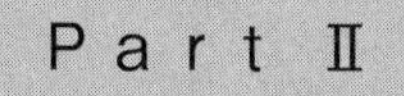

Part Ⅱ

面白くて眠れなくなる天文学

土星の環は何でできている？

一番人気の惑星

土星は、環（リング）がある惑星として有名です。天体観望会で最も、いいえ、断トツに人気があるのが土星です。小型の天体望遠鏡でも簡単に見ることができるので、もし、まだ見たことがない人がいたら、ぜひチャレンジしてほしい天体です。

土星のサイズは、地球の直径の九倍（太陽系で木星に次いで大きい）、重さは九五倍もある巨大なガス惑星です。にもかかわらず、天体望遠鏡で土星を見ると、とても小さくかわいらしく見えます。これも人気の秘密かもしれません。

一九九七年に打ち上げられた米国ＮＡＳＡなどによる土星探査機「カッシーニ」は、七年間の旅（三二億キロメートル）ののち、二〇〇四年に土星に接近、その後、土星とその周りを回る衛星たちを調査しました。カッシーニの活躍を契機に、

◆ガリレオが見た土星

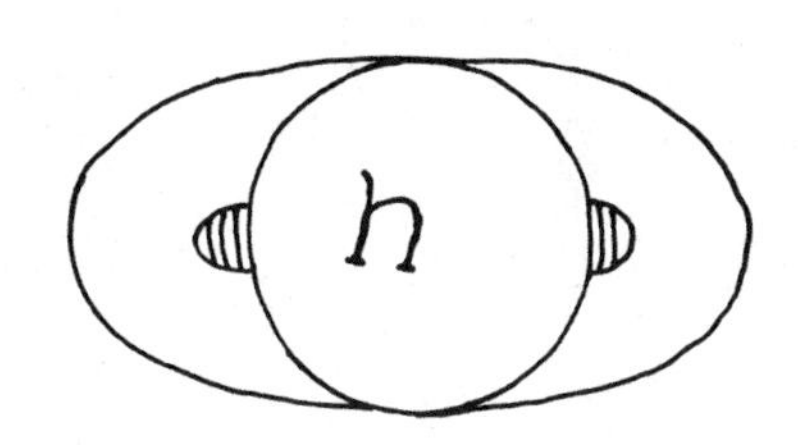

ガリレオ・ガリレイ
（1564～1642）

土星について新たな事実が次々とわかるようになりました。

たとえば、土星の環は、小さな氷の粒子でできていること。カッシーニから送られてきた画像には、数千もの細い環の重なりが写っていました。はっきりと見える環は差し渡しで二〇万キロメートルを超えるのに、とても薄くて、最も薄いところでは三メートルの厚さしかありません。このため、十五年おきに、地球から環がまったく見えなくなる時期があるのです。

およそ四百年前、天体望遠鏡で初めて土星を観察したのは、イタリアの科学者、ガリレオ・ガリレイでした。当時、土星には花瓶の取っ手のようなものがついている、と書き記しています。ガリレオが土星を目撃した時期は、たまたま環が一番傾いて見える時期だったために、星に大きな取っ手がついているかのように見えたのでしょう。

ちなみに、土星の環が太陽系形成期、すなわち、四十六億〜四十億年ほど前程度の大昔に形成されていたなら、環は放射線の影響ですでに黒ずんでいるはずです。ところが、実際は環が白く輝いているために、最近、形成されたとする説が有力でした。

しかし近年、スーパーコンピュータの解析によって、環の中では常に氷の塊が壊れ、また形成される過程がくり返されているために、白く輝き続けていることがわかりました。環は古くから存在していたのかもしれません。

注目の衛星「エンケラドス」

土星の衛星についても、多くのことがわかってきました。特に、土星最大の衛星タイタンは「大気を持つ衛星」として以前から注目されてきましたが、近年、研究者たちが最も心惹かれる衛星は別にあります。「エンケラドス」という、それまで無名だった衛星です。

◆エンケラドスの様子

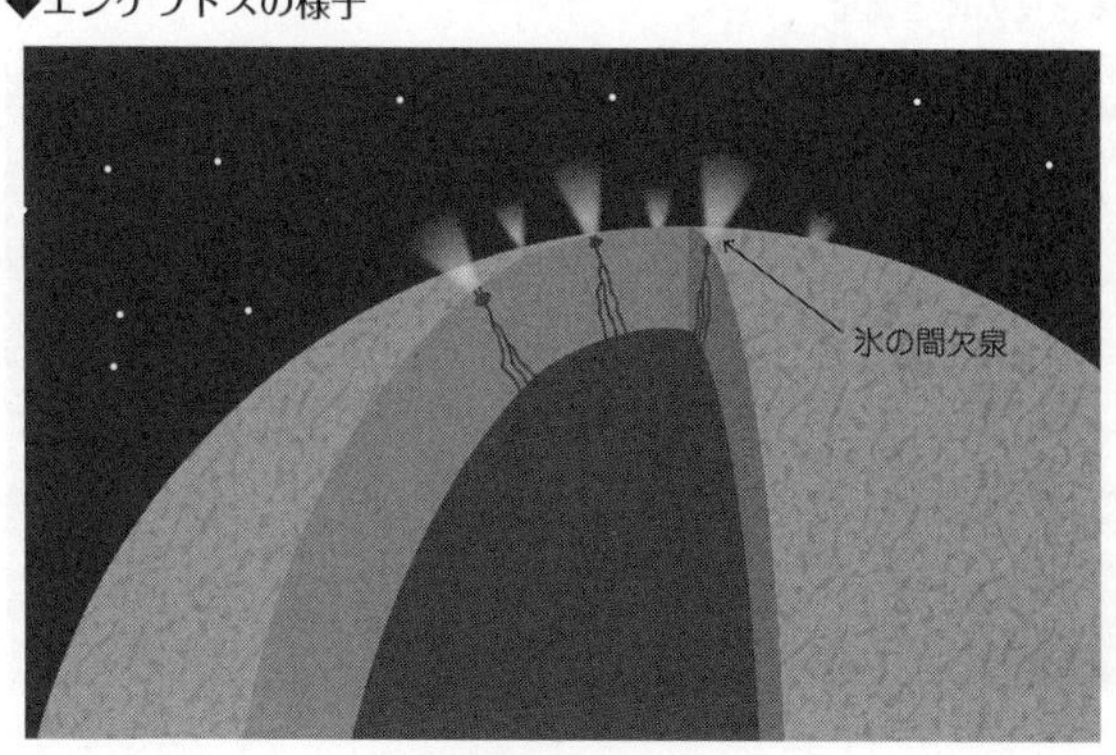

エンケラドスは、土星から二四万キロメートル離れたところを、約三十三時間かけて公転しています。直径は平均五〇〇キロメートルほどで、土星の衛星としては六番目に大きい星です。

カッシーニの探査結果から、エンケラドスの北半分はクレーターに覆われたよくある衛星の表情なのですが、南半球はクレーターがほとんどないことがわかりました。南極近くには、平行に走る四本の巨大な裂け目が見つかりました。

長さが一三〇キロメートル、深さは数百メートルもあり、この断層から氷の粒が間欠泉のように吹き上がっているのです。

まるで火山噴火のような活動は、木星の衛

◆土星の環と衛星

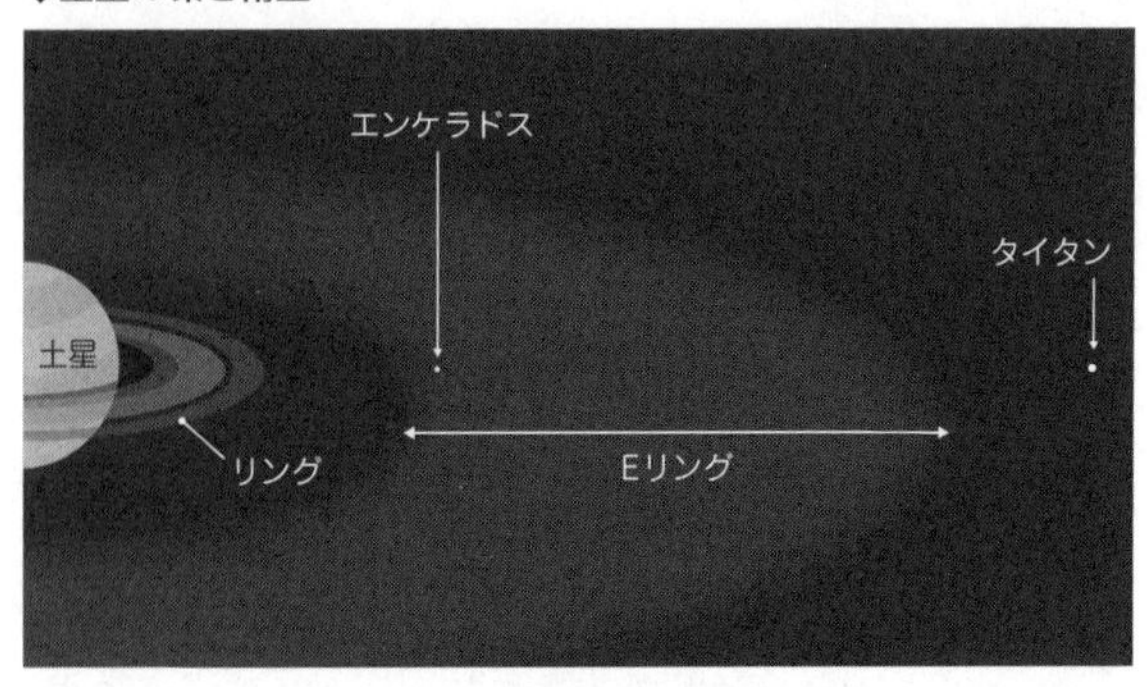

星イオや海王星の衛星トリトンでも見つかっていますが、エンケラドスの氷の吹き上がりは太陽系内で最も壮大な眺めといえます。このエンケラドスの氷の噴火によって、土星の環の最も外側のEリングが形成されていることがわかったのです。

研究者の中には、エンケラドスの内部には海が広がっており、生物が存在するのではと予想する人もいます。

こうして幾多の成果をもたらした探査機カッシーニも、二〇一七年九月に土星に衝突し、その使命を終了しました。

土星の周囲には、タイタンやエンケラドスの他にも、六〇を超える個性あふれる衛星が回っています。さながら太陽系のミニチュアのようです。

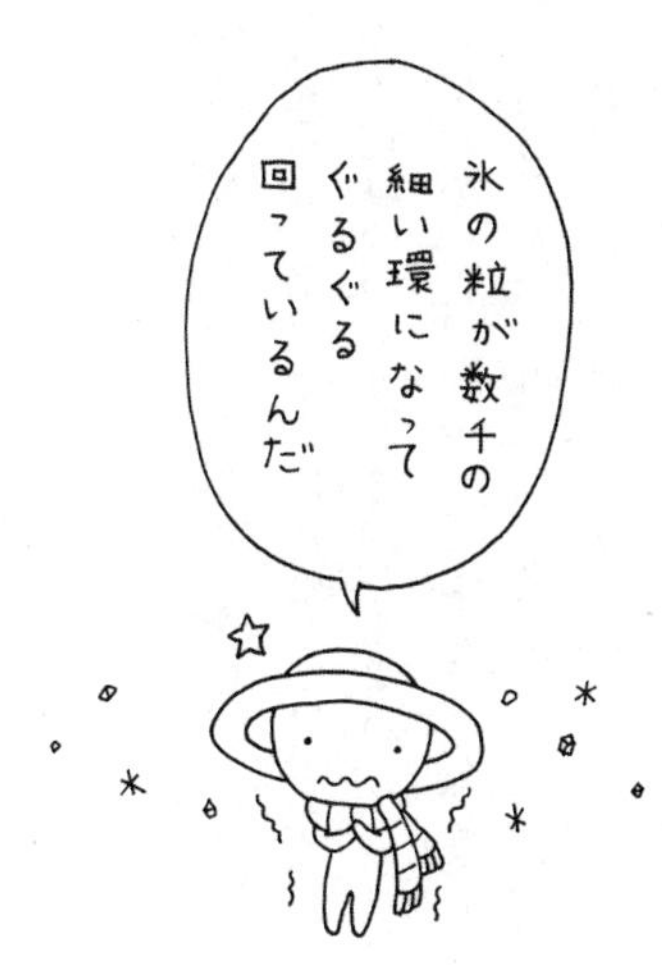
氷の粒が数千の
細い環になって
ぐるぐる
回っているんだ

月が自分についてくる理由

月は意外と遠くにある

子どもの頃、夜道を歩いていると、自分に月がついてくるように感じたことはないでしょうか。車や電車の車窓から景色を見ると、飛ぶように移動して遠ざかっていきます。近いものほど速く動き、遠くの景色はゆっくりと移動しますね。ところが月だけが、常に同じ方向にあって自分にだけついてくるような錯覚を抱かせます。私は子ども心にも、ついつい「自分は地上で選ばれし者なのだ」と思ってしまいました。いったいなぜ、こんなことが起こるのでしょう?

それは、地上の風景に比べて、月がとても遠く離れたところにあるからに他なりません。

月は、地球から三八万キロメートルも離れたところにあります。これは、地球を三〇個並べた長さに相当します。

◆2度ってどれくらい？

すると、仮に地球の端と端で同じ時刻に月を見ても、月の位置は角度で二度弱の差しか生じません。二度とは、腕をいっぱいに伸ばして人差し指を見たとき、その指の幅が示している角度くらいです。

つまり、地球の端と端で指一個分しかずれないのですから、私たちが地表をどんなに高速で移動しても、肉眼で見る限り、ずっと月は同じ方向に見えることになります。

むしろ、地球の自転によって月が移動していく動きのほうが大きいので、一晩中月を観察していると、太陽や星々と同様に、東から南の空を通過して西へと移動していることに気づきます。

月の満ち欠けの不思議

月の満ち欠けについては、通常、小学校で習います。その頃のことをちょっと思い出してみましょう。教科書や図鑑には、よく次頁のような説明図が載っています。

三日月、半月くらいまでは原理をすっと理解できる子が多いのですが、満月の位置で、はたと困った顔をします。月は、太陽の光を受けて光って見えます。すると、月が満月の位置にあるときは、地球の影に入って光らないはずではないでしょうか？

宇宙空間では、この図のように月は地球のすぐそばにあるのではなく、三八万キロメートルも離れていますから、紙の上で正しいスケールで描くことは困難なのです。そこで、地球の四分の一サイズの直径の月が、地球三〇個分離れたところで太陽の光を受け取っているとイメージしてみましょう。

また、地球から見た月の通り道（白道）は、太陽の通り道（黄道）に対して約五度傾いていますので、月は地球の影に入らず、月全面が太陽に明るく照らされることになります。この微妙なずれがあるために、太陽－地球－月が一直線になる「月

◆教科書に載っている月の満ち欠けの図

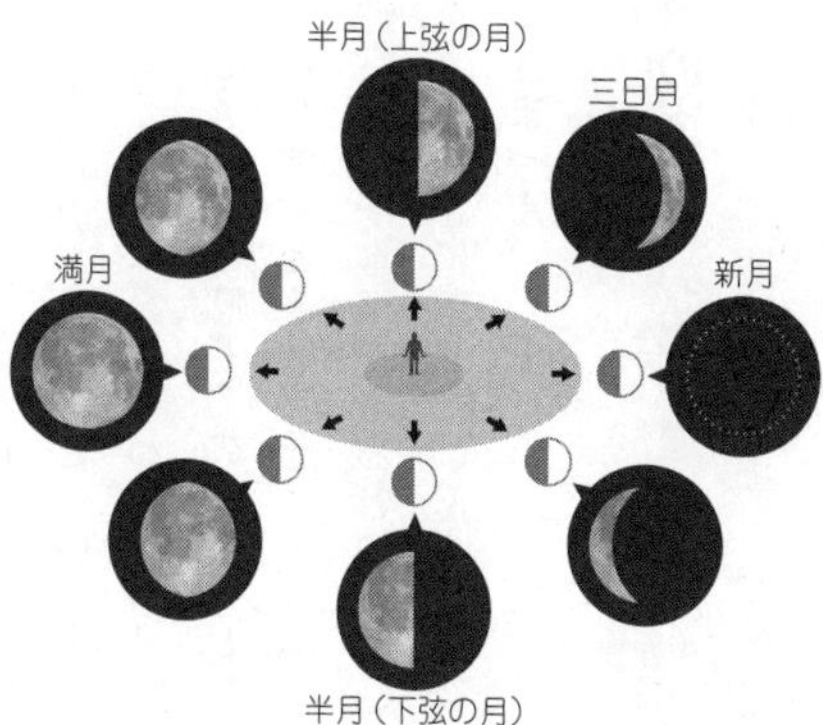

食」は、まれな現象なのです。

試しに、周りの人に三日月を描いてもらいましょう。月の満ち欠けをよく理解していたら、アニメに登場するような鋭い三日月の形は実際にはありえないとわかります。この絵の出来ばえで、月の満ち欠けを理解しているかどうかがわかってしまいますね。

大きく見えたり、小さく見えたり

その年で最も大きな満月を、スーパームーンと呼ぶことが増えました（スーパームーンは学術用語ではなく、民間で利用されている俗称的な用語です）。

月の軌道は、円ではなく少しだけ楕円を描きます。最も地球から離れるときで四〇万キロメートル程度、最も近づくと三六万キロメートルを切る程度です。この最も近づいたときに満月になると、いつもの平均的な満月よりもやや大きくは見えます。しかし、その差は直径でわずか〇・〇五度程度の違いにすぎません。

月を大きいと感じるのは、むしろ、月が地平線に近い位置にあるときです。天空高く月が輝くときは、それより小さく感じます。これは、錯覚が原因です。私たちは通常、月が地上物からどのくらい離れているか、月をどのくらい仰ぎ見ているかで違う大きさに感じているのです。写真に撮ってみないと、月の大きさの違いは区別できません。

日の出と月の出の違い

一年間の周期で規則正しい動きをしている太陽と比べて、その日の月の形（月齢）や月の出の時刻は、専門家にとってもわかりにくいものです。春分、夏至、秋分、冬至と、太陽は日の出の時刻も方角も規則的に思えます。

それは、私たちが太陽の動きを基準にした暦「太陽暦」を使っているからです。

一方、イスラム教の国々では、月の満ち欠けの周期を暦として使う「太陰暦」を用いていますから、少なくとも月齢や月の出の時刻は私たちよりよく把握していま す。暦の詳しいお話は別の項（一一四頁）に譲ることにして、ここでは、日の出と月の出の違いを確認しましょう。

日の出は、昇ってくる太陽の上端が地平線に重なる瞬間をいいます。日没は、沈んでいく太陽の上端が地平線に重なる瞬間です。つまり、太陽の直径（約〇・五度）分、昼間の時間が長くなります。ですから、真東から太陽が昇り真西に沈む春分の日、秋分の日でさえ、昼の長さと夜の長さは同じではありません（これはよく使われる入試のひっかけ問題です）。

一方、月は満ち欠けをしているので、いつも満月のように真ん丸ではありません。三日月も半月も、欠けぎわが地平線に直角な向きで昇ってくるわけではないので、月の上端が欠けて影になっていることもしばしば起こります。このため、月の出、月の入りの時刻は、月の中心の位置で測るようにしています。

太陽の寿命はあと何年？

太陽は今、働きざかり

太陽は今、人間の寿命に換算すると四十代半ばといったところです。人ですとちょうど働きざかりですね。太陽の実年齢は四十六億歳。理論的な予測としては、約百億歳まで輝き続けるであろうと予想されています。ただし、ずっと同じ明るさで安定していてくれるという確証はありません。

太陽と地球は、ほぼ同じ頃にできました。地球に落ちてきた隕石の年齢や、アポロが持ち帰った月の石の年齢を調べることで、太陽系ができたのは四十六億年前とわかったのです。

太陽のような星「恒星」は地球と違って、おもに水素ガスでできています。そして、水素の核融合反応によって輝いています。つまり、四十六億年前に宇宙に浮かぶ水素ガスが集まって太陽ができ、その周りに惑星ができたことになります。宇宙には、そんな星誕生の現場が今もあるので、望遠鏡で調べることができます。

成人式を迎える星たち

宇宙にある水素ガスの集まりは、「星雲」と呼ばれます。冬の夜空を見上げてみましょう。オリオン座の三ツ星の下に、小三ツ星といって、オリオンが腰に下げた剣を形作る星があります。小三ツ星の真ん中の星をよーく見てみると（肉眼ではわかりにくいので双眼鏡を使って見てください）、雲のようなものがボーッと広がった様子が見えます。これが、オリオン大星雲M42です。

肉眼でもその存在が確認できる代表的な星雲であり、星が誕生している現場です。地球からは、一四〇〇光年かなたです。オリオン大星雲を大型望遠鏡でよく調べると、小さな雲状のガスの塊がたくさんあります。その一個一個から、恒星が誕生します。

四十六億年前、太陽も同じある星雲内のたくさんの恒星と一緒に生まれました。しかし、生まれた後、それぞれの恒星がバラバラに運動して散らばったため、四十六億年経った今では、どれが兄弟星なのかはよくわかっていません。

◆オリオン大星雲M42

また、オリオン座の右隣を見ると、星々が寄り添うように集まって光っている「すばる」が確認できます。これらが、ちょうど大人になったばかりの星々です（地球からの距離は四一〇光年）。

すばるは、代表的な散開星団M45で、肉眼でも六〜七個の星を数えることができますが、天体望遠鏡で見ると数十個の恒星が寄り添っているのが見えます。

昴とは「すぼまる、統（すまる）」、つまり、協力して生きていくイメージです。清少納言も、『枕草子』の中で「星は、すばる……」と記したように、日本人好みの天体です。今は一人で白く輝いている太陽も、成人したての頃は、青白い星だったかもしれません。

太陽の最期の姿

恒星の子どもたちは、人間でいう二十歳に達するずっと前に大人になります。大人になった恒星は、水素の核融合反応によって安定して輝きます。太陽は、この状態がおよそ百億年続く、つまり、あと五十億年ちょっとは水素燃料がもつということです。

ちなみに、成人したてのすばるの星たちの年齢は、数千万年程度です。恒星の一生を百億年と考えれば、一歳にならないうちに大人になるということですね。

恒星の場合、生まれたときの重さによって、その一生の長さ（寿命）や、一生の閉じ方が異なります。太陽は、恒星の中でも軽いほうです。太陽の最期は、赤色巨星という段階を経てから、外側のガスをゆっくり放出してドーナツ状の星雲になります（惑星状星雲）。そのガスは宇宙空間ににじんでいき、地球まで届くことでしょう。

太陽が赤色巨星の段階を迎えるのは、約五十億年後です。その頃の太陽は、金星をのみ込むほどの大きさになると予想されています。

このとき、地球は今の軌道を離れ、もっと外側で太陽の周りを公転すると計算さ

◆星の誕生と最期

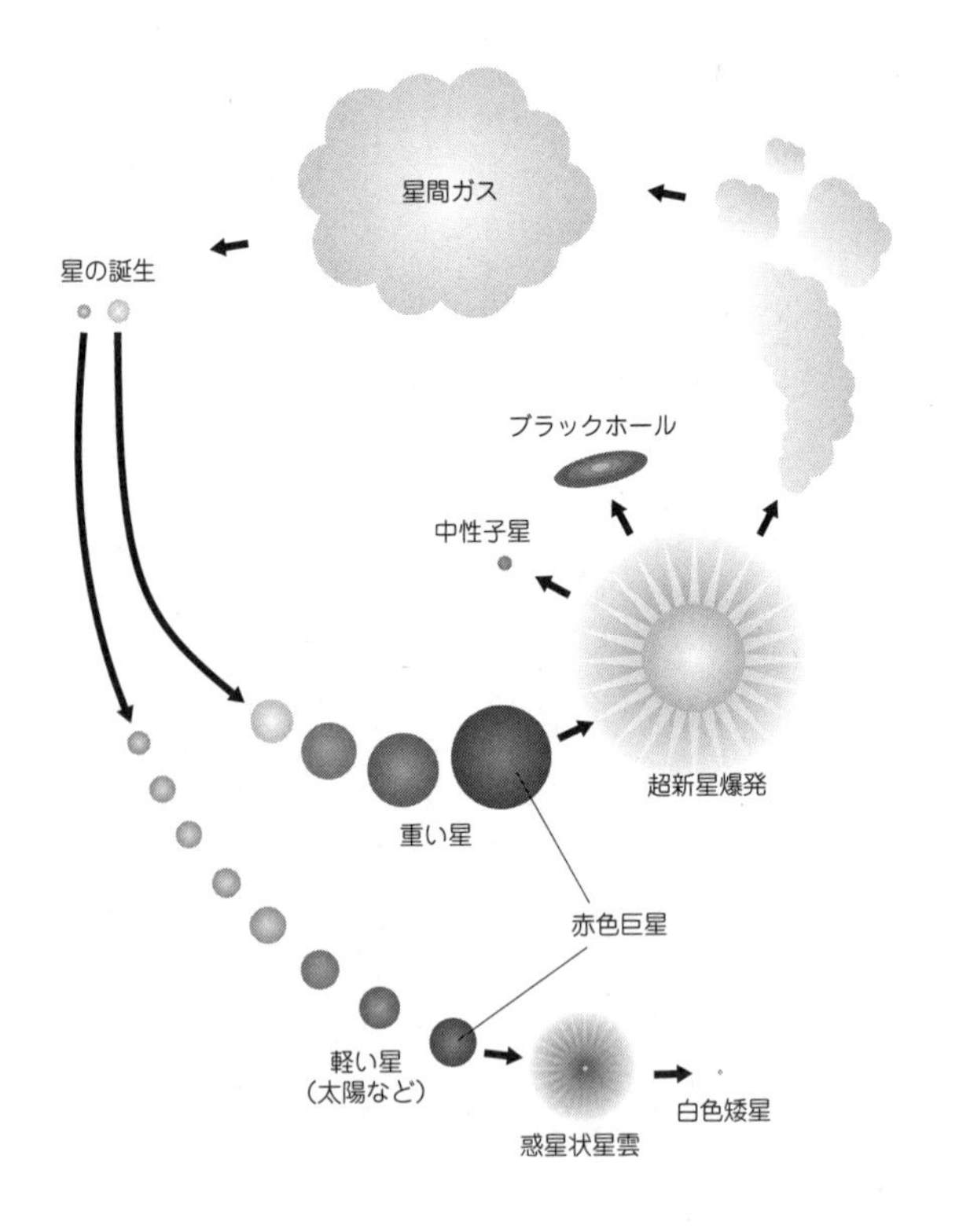
星間ガス
星の誕生
ブラックホール
中性子星
超新星爆発
重い星
赤色巨星
軽い星
（太陽など）
惑星状星雲
白色矮星

れています。その頃になると、地球上は高温となり、生物は存在することができません。私たちが地上に留まる限り、約五十億年後が地球上のほとんどの生命の最期のときでしょう。

太陽をはじめとする恒星は、一生を過ごした後、大きくふくれあがって赤色巨星となり、その後、軽い星は惑星状星雲を経て白色矮星に、重い星は超新星爆発をして、最期は中性子星かブラックホールになります。超新星爆発の瞬間に、鉄よりも重い元素ができます。宇宙の初期には水素とヘリウムしかありませんでしたが、恒星の内部では、酸素や窒素、ケイ素、マグネシウムなど鉄より軽い元素が、核融合反応によってできています。

百三十八億年前に宇宙が誕生してから、四十六億年前に太陽系ができるまでの間に、ここ太陽系近辺の宇宙では超新星爆発が二〇回程度くり返されました。その結果、水素とヘリウムしかなかった宇宙に、今、宇宙に存在する九二種類の元素が誕生したのです。元素のレベルでいえば、私たち生命は星から生まれた「星の子」なのです。

宇宙人とコンタクトをとるには

生命が宿る星とは?

宇宙の中で、地球以外に生命の宿る星はあるのでしょうか。文明が地球上で誕生してから数千年、天体望遠鏡が発明されてから約四百年、月や惑星に探査機が行ける時代になってから六十年が過ぎた現在でも、地球以外の星や宇宙空間では、小さなバクテリアのような生物でさえ、いまだ見つかっていません。

しかし、天文学と宇宙探査技術の進歩によって、人類がずっと追い求めていた地球外生命体の発見まで、あとわずかとも言われています。

太陽系内には、バクテリアのような初期生命は存在するかもしれません。その候補地は、火星、木星の衛星のエウロパやガニメデ、土星の衛星エンケラドスやタイタンなどです。近い将来に探査機が訪問し、生命の痕跡を見つけ出すかもしれません。

しかし、残念ながら知的生命体（宇宙人）については、太陽系内の地球以外に存在しないのは、ほぼ確実です。そのような兆候は、皆無です。したがって、知的生命体が宇宙のどこかに存在するとしたら、太陽系の外側に広がる空間、すなわち恒星の周りを回る惑星や衛星だろうと考えられています。

一九九五年に初めて、太陽以外の恒星の周りを回る惑星が発見されました。太陽系外惑星、または系外惑星と呼ばれています。その数は、二〇二一年八月現在で四八〇〇個を超えています。

早い時期に発見された系外惑星は、直径が地球の数倍以上もある巨大なガス惑星でした。しかし、天体観測技術が進むと、岩石タイプで地球サイズの惑星も見つかるようになりました。

ハビタブルゾーン

宇宙に存在する生命体が地球の生命体に似た構造や成分を持つと仮定すると、生命発生には液体の水が必要です。私たちの体はおもに水と有機物でできていて、タンパク質や核酸のような高分子で複雑な有機物を合成するには、化学反応が進みやすい環境、すなわち、水と有機物と適切な温度が必要と考えられています。

惑星が恒星に近すぎると表面の水は蒸発してしまいますし、反対に恒星から遠い位置にあると、温度が低すぎて氷になってしまいます。水が液体で存在できる範囲を、天文学では「ハビタブルゾーン」と呼びます。

「ハビタブル」とは、生命居住可能という意味です。太陽系の場合、その範囲は〇・八～一・五天文単位程度（太陽と地球の距離を一天文単位といい、その距離は一億四九六〇万キロメートル）といわれています。

火星は、ぎりぎりハビタブルな環境です。木星や土星の衛星の場合は、惑星との潮汐力や衛星内部の熱源によって、ハビタブルな環境ができる可能性があるということになります。潮汐力は、たとえば地球と月の位置関係によって潮の満ち干が起こるように、二つの天体間の重力によって両天体が変形したり、両天体の内部を加熱したりする力のことです。小さな天体のほうが、大きく影響を受けます。

地球以外の天体に生命体が住んでいるとしたら、豊富な液体の水（海）と酸素などの大気に覆われている系外惑星が、まずは候補に挙がることでしょう。国立天文

◆ハビタブルゾーン

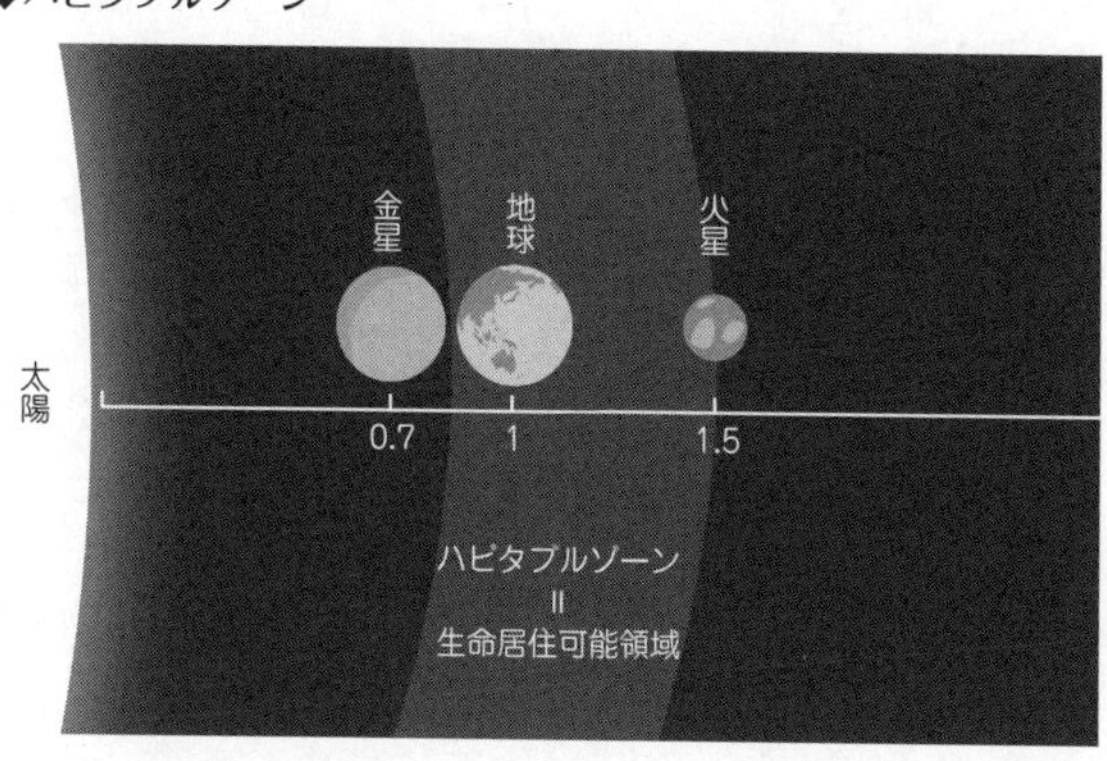

台は、TMT（Thirty Meter Telescope：口径三〇メートル望遠鏡）という大きな望遠鏡を作ろうとしています。日本、アメリカ、カナダ、中国、インドの国際協力による一大プロジェクトです。

このTMTを使って系外惑星を直接観測し、地球外の生命が存在するシグナルを見つけることが大きな目標です。二〇三〇年前後には、人類はTMTなど地上の超大型望遠鏡か宇宙望遠鏡の活躍によって、系外惑星に生命を見つけ出すかもしれません。

知的生命体との交信

生命が存在しそうな星を見つけたら、そこに向かって電波や光でメッセージを送ります。すると二〇光年先の星なら、往復四十年で返事が来るかもしれません。あるいは、地球外には宇宙人はおろか、生命などいないのかもしれません。

でも、もし知的生命体が将来発見されたなら、私たち人類の価値観は大きく転換し、目先のことのみにとらわれる生き方を問い直すことになるでしょう。大げさな言い方ではありますが、「もう一つの地球」を発見できるかどうかは、人類の生き方にも大きく関わっているのです。

では、もし知的生命体が太陽系近くの宇宙に存在していたら、と想像し、その知的生命体とのコミュニケーションについて考えてみましょう。

仮に、二〇一六年八月に発見された太陽系に最も近い恒星であるプロキシマの惑星、または、まだ見つかっていませんが、その惑星を回る衛星のどれかに知的生命体がいるとします。地球からの距離は、四・二二光年です。光でも四年以上かかる遠さです。電波も光と同じ速さですので、秒速三〇万キロメートルの速さで宇宙空間を進みます。

地球からプロキシマの知的生命体に向かってメッセージを電波、あるいは光で送ったとすると、返事が来るのは早くて八・四四年も先です。気長な対話となることでしょう。そのぶん、対話の内容はとても重要ですね。みなさんは、どんなことを聞いてみたいですか？　また、伝えたいですか？

映画『スター・ウォーズ　エピソード4／新たなる希望』には、レイア姫がオビ＝ワン・ケノービにホログラフィー（裸眼立体視）を用いて、メッセージを伝えるシーンが登場します。

知的生命体と交信できるようになった暁（あかつき）には、私たちが日常的に使っているインターネットのテレビ電話に代わって、ホログラフィーによる情報伝達がおもになることでしょう。タイムラグはあるものの、まるで目の前にプロキシマ星人がいるかのようなバーチャルリアリティーの空間で、私たちは宇宙人との対話を楽しむことができます。その星に行ったような疑似体験も可能になるかもしれません。

宇宙からのメッセージ

宇宙人が発信している情報を、地上の望遠鏡でキャッチしようという活動を「SETI」（Search for Extra-Terrestrial Intelligence：地球外知的生命体探査）と呼びます。逆に、地球から宇宙人に向けて電波などでメッセージを送る活動も、細々と試みられてきました。

有名なのは、カール・セーガン博士（一九三四〜一九九六）らがプエルトリコにあった巨大な電波望遠鏡アレシボ天文台から、ヘルクレス座の球状星団M13に向けて送った電波信号です。信号は二進数による簡単な暗号文ですが、私たち地球上の生命の居所と、私たちの体の成分や大きさ、世界人口などの基本情報を伝える内容になっています。

世界中で、そして日本においても、宇宙人探しに真面目に取り組んでいる研究者がいます。米国のフランク・ドレイク（一九三〇〜）やカール・セーガンは、この分野での国際的な先駆者です。

その後、彼らの先駆的なＳＥＴＩ研究は、若い後継者たちに引き継がれていきました。米国のＳＥＴＩ研究所は、二〇〇七年からアレン望遠鏡（ＡＴＡ：Allen Telescope Array）を用いて、知的生命体からの信号を電波でキャッチするために観測を続けています。他にも、宇宙人からのメッセージをとらえようという試みは世界各地で行われていますが、今のところ、該当するシグナルは受信できていません。

ＳＥＴＩの今後の展開として、国際的に最も期待されているのが国際共同の大型プロジェクトＳＫＡ（Square Kilometer Array）です。

ＳＫＡは、ＳＥＴＩ専用の電波望遠鏡ではありませんが、南アフリカとオーストラリアの二つのサイトにおいて、口径が一キロメートル四方に相当する電波望遠鏡と同等の能力を持つ電波干渉計を、二〇二〇年代に完成させようという壮大なプロジェクトです。日本の電波天文学者たちも、このＳＫＡに将来参加しようと準備を進めています。

ＳＫＡを用いて、十年間で一〇〇万個の恒星からの電波信号を分析して、知的生命体からの信号を見つけ出そうという計画も提案されています。

第二の地球を探す「宇宙人方程式」

ドレイクの宇宙人方程式

広い宇宙空間にいったい、どのくらいの知的生命体（宇宙人）がいるのかを、真面目に計算した人がいます。米国の天文学者、フランク・ドレイク博士です。宇宙には、文明が築かれている星がどのくらいあるのか、その星と地球が交信可能かどうか、予測してみます。

一九六一年、フランク・ドレイク博士が「宇宙人方程式（ドレイクの式）」を発表しました。宇宙人方程式とは、私たちの太陽系が含まれる銀河（天の川銀河）において、地球人が交信可能な文明数（知的生命体が存在する星の数）を、科学的に推定するための方程式です。

文明が発生する星は、太陽のような恒星ではありえません。恒星の周りを回る地球型の惑星か、それに似た環境の衛星です。今回は、文明が築かれている可能性の

◆宇宙人方程式

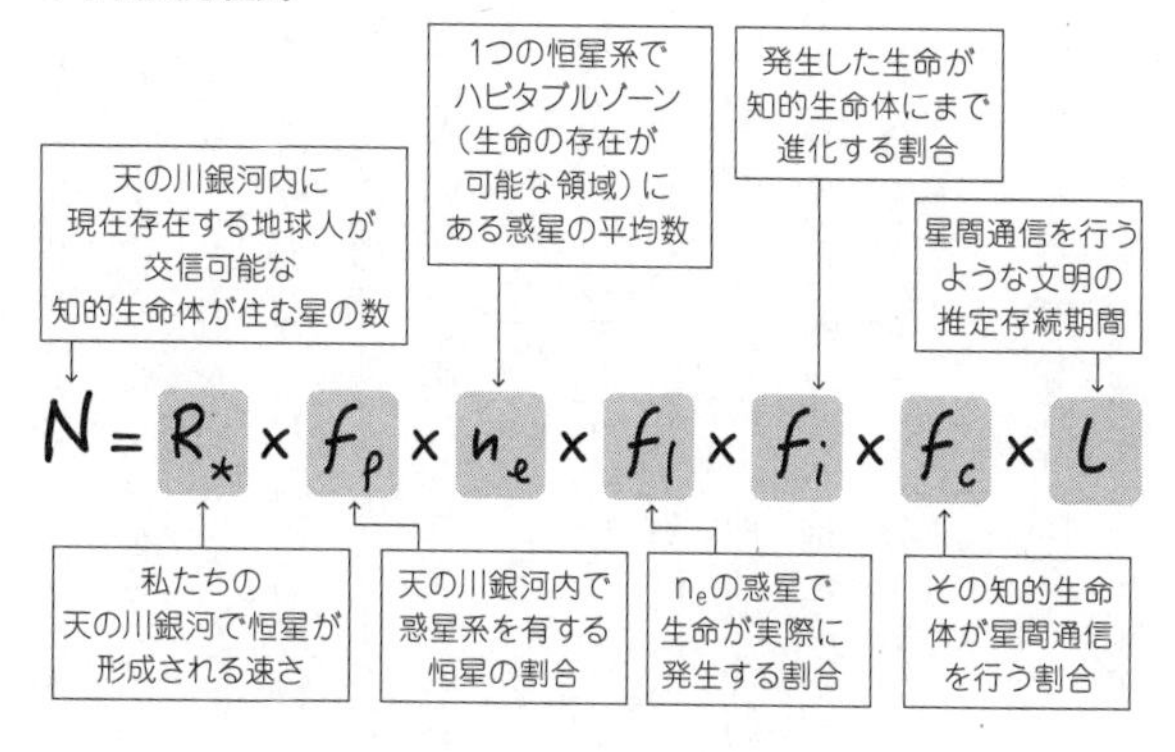

ある惑星の数を計算してみましょう。私たちと同じような文明を持った宇宙人が住む星があるのかどうか、計算することができます。

今、天の川銀河に存在するであろう通信可能な地球外文明の数をNとします。すると、宇宙人方程式は上図のようになります。

多くの人々が、それぞれの推論によって、天の川銀河内に存在する文明数を推定してきました。ドレイク自身は一九六一年にN＝一〇個という推定値を発表していますが、各記号に入る数字は不確定であり、推論の域を出ないものでした。

ただ、この方程式で注目すべき点は最後のLであると、多くの研究者が認めています。

つまり、数光年〜数百光年も離れた系外惑星へ向かって、電波または可視光などの通信手段によって情報の伝達が可能となった文明が、平均でどのくらい長く文明を維持できるのかという点です。

つまり、文明は永遠ではないということを大前提にしています。私たち人類も、永遠に地球上で繁栄し続けるわけではありません。自らの間違った行い（たとえば核戦争や地球環境破壊など）によって自滅する可能性もありますし、小惑星の衝突や太陽の爆発など、避けられない天変地異によって滅びることも考えられます。それは地球人に限らず、宇宙に暮らすどの生命にもいえることなのです。

地球人が電波を通信手段として利用できるようになってから、たった百年程度です。地球上での人類の文明は、これからあと何年続くことでしょう。多くの人が不安に感じているように、地球環境問題、核戦争の危機、水・食糧・エネルギーの枯渇などさまざまな課題を抱える中で、人類がいかに賢く長生きできるかが、宇宙人に巡り合えるかどうかの分かれ目であるというのが結論です。

最新データから導き出す

二〇〇九年、地球型惑星を探すために、ＮＡＳＡが宇宙望遠鏡「ケプラー」を打ち上げました。ドレイクの式に、ケプラーでの観測結果をはじめ、最新天文学の成果を当てはめてみましょう。

まずは、天の川銀河内で系外惑星系を有する恒星の割合（f_p）についてです。天の川銀河内には、約一〇〇〇億個の恒星があるのですが、恒星のおよそ半分近くが連星であることがわかっています。

連星とは、太陽系のように太陽一つが単独の恒星として存在するのではなく、二つ以上の恒星がお互いの周りを回っている状態です。連星には、全天一明るい恒星、おおいぬ座のシリウスや、はくちょう座のくちばしにある二重星のアルビレオなどがあります。以前は、連星は重力の安定性の問題から、惑星が形成されにくいのではないかと考えられていました。しかし、チリのアタカマ砂漠にあるＡＬＭＡ（アルマ）望遠鏡によって、連星系でも惑星が形成されることが確認されました。

ここでは、天の川銀河内で惑星系が誕生する可能性がある恒星数を、連星系も含め一〇〇〇億個とします。

次に、一つの恒星に対し、平均して何個の惑星（n_e）があるでしょう？　惑星をまったく持たない恒星もありますが、ケプラーの観測からは、複数の惑星を持つ惑星系が約三割あるとわかりました。

このことから、大雑把（おおざっぱ）ながら、恒星一つに対し平均で系外惑星一つ程度の確率と推定することが可能です。つまり、天の川銀河内にある系外惑星の総数は一〇〇〇億個程度となります。

さて、第二の地球の数は？

では、そのうち地球型惑星の割合はどのくらいなのでしょう。ケプラーの観測では、見つかった惑星の約六分の一が地球型惑星でした。ここで言う地球型惑星とは、サイズが地球と同程度の惑星のことです。その数字をそのまま用いると、天の川銀河内には約一六〇億から二〇〇億程度の地球型惑星があることになります。

さらに、そのうちハビタブルゾーンに存在するもの（n_e）はどのくらいあるでしょう？　太陽質量程度の恒星の場合、二二パーセント±八パーセントの割合で、ハビタブルゾーンに地球型惑星が存在するようです。

つまり、太陽質量程度の恒星なら、岩石でできていて、液体の水や大気を持つ可能性のある「第二の地球」が、数個の恒星に対して一個の割合で存在することになります。この見積もりは、ドレイクが考えていた以上に相当、高い割合です。
　それ以外のf_l、f_i、f_c、Lについては、まだまだ科学的な見積もりは難しいのですが、「宇宙人」の存在が、信憑性を帯びてきているのではないでしょうか。

地球の文明が続けば
宇宙人に出会う
確率も高くなる！

オーロラがきれいに見えるのはいつ？

オーロラと太陽の関係

オーロラは、皆既日食や火山噴火と並んで自然界の三大スペクタクルとも呼ばれています。日本でも、北海道の一部で北の低空に赤くオーロラが見られることがあります。しかし、その雄大で神秘的な姿は、何といってもアラスカやカナダ、北欧諸国、または南極大陸からの姿でしょう。

オーロラは、北極や南極に近い地域で見ることができる地球の高層大気の現象です。オーロラが最も輝く高さは、高度一〇〇～二〇〇キロメートル。ちなみに、国際宇宙ステーション（ＩＳＳ）は高度四〇〇キロメートルの上空を飛んでいるので、ＩＳＳの乗組員は眼下に明るく輝くオーロラを見ることになります。

ＩＳＳから見るオーロラは、緑色やピンク色のカーテンが、地球の表面上でゆらめいているようなイメージです。地上からオーロラを見上げると、どこまで続いているのかわかりませんが、ＩＳＳからは、オーロラがどこまで拡がっているかを確認することもできます。オーロラは、南極上空と北極上空で、ほぼ同時に発生することが多いのも特徴です。ＩＳＳは地球を九十分で一周するため、その両方を順々に観測することも可能なのです。

オーロラは、どうしてできるのでしょうか？

地球は、いわば大きな一つの磁石です。地球全体を包み込む巨大な磁場（地球磁気圏）を持っています。地球磁気圏は、宇宙から地球に侵入しようとする荷電粒子の侵入を防いでおり、地球に住む生命にとって大事なバリヤーとなっています。特に太陽からは、太陽風と呼ばれる荷電粒子の流れが地球に押し寄せてきています。

地球の北極や南極の近くで見られるオーロラは、この太陽風の活動と深く関係しています。太陽風が強まると、普段は地球磁気圏に遮られて地球表面には届かないはずの荷電粒子が、磁場の弱まる北極と南極の周辺から侵入します。この荷電粒子が、地球の高層大気と反応して緑や赤、ピンク色に発光して美しいオーロラとなるのです。

そのため、激しいオーロラの動きが観測されるのは、太陽活動の極大期（次の極大期は二〇二五年）の頃になります。この時期、オーロラを見に北欧やカナダなどにぜひ出かけてみましょう。

フレアに気をつけろ！

太陽の活動は、ずっと同じ状態であるわけではありません。太陽活動が活発な時期と、そうでない時期があります。太陽の活動は、磁場によって強い影響を受けています。太陽磁場は、ほぼ十一年の周期で活動が変化します。

たとえると模型飛行機のプロペラ部分のゴムひもをねじるように、自転によって太陽内部の磁場がねじれます。そのねじれが最大になるときが、太陽活動が活発な極大期。ねじれが解消されて元に戻った状態が、活動が弱まる極小期です。

極大期には、磁場のねじれの影響で、多くの黒点とともに「フレア」と呼ばれる爆発現象が頻発します。フレアとは、ねじれた磁場が限界を超えて、まるでゴムひもが切れるときのように、磁場のエネルギーを太陽の外に向かって激しく吐き出す現象です。

フレアが発生すると、太陽の周りを囲む大気の層が急激に明るくなり、コロナも一〇〇万度以上の高温になります。すると、電波からX線まですべての電磁波が強く放出されます。それればかりか、太陽が日常的に太陽の周囲に放出している陽子や電子などの電気を帯びた粒子、すなわち太陽風の活動が盛んになり、放出される荷電粒子の数や速度が増します。

フレアで放出される強力なX線が地球に到達すると、地球の磁気圏が乱され、短波無線の通信障害を引き起こします。私たちが短波ラジオなどで用いている短波通信の電波は、地球の高層大気中にある電離層に反射し、遠いところに届きます。

このとき、強力な太陽風によって電離層が乱されてしまうと、短波ラジオや船が用いる短波通信が届かなくなるのです。これを「デリンジャー現象」といいます。また、活発化した太陽風によって、オーロラの擾乱現象（オーロラ嵐）や磁気嵐も発生するのです。

このように太陽風は地球に大きな影響を及ぼすので、国立研究開発法人情報通信研究機構（NICT）では「宇宙天気予報」を行っています。宇宙天気予報では、世界中の太陽観測衛星や太陽観測所からのデータを用いて太陽を詳しくモニタリングし、フレアの発生を確認します。フレアの爆発規模と、強力な太陽風が地球に到

◆太陽の構造

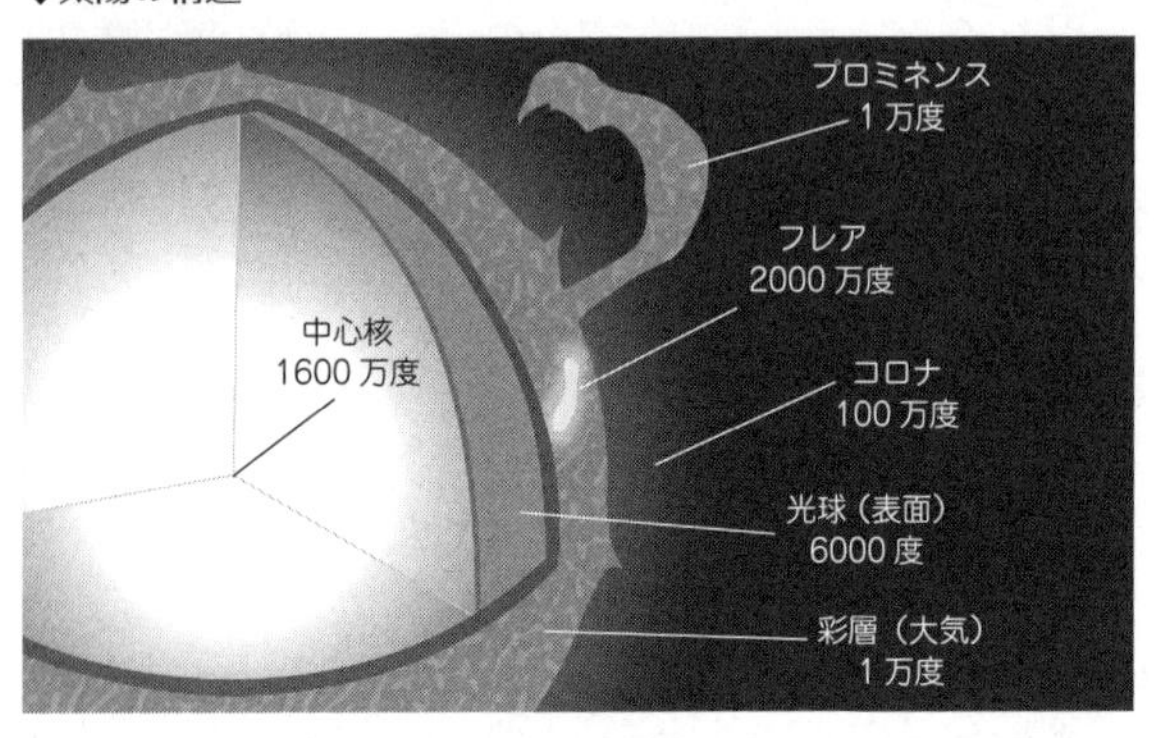

達するかどうかを見きわめ、予報を流します。

大規模なフレアの影響が地球に及ぶ場合は、ISSの船外活動を中止したり、地上の送電線や発電所に影響が出ないよう電力供給を調整したりします。過去には、巨大フレアの影響で磁気嵐が生じて送電線が破壊され、広い範囲で停電になったケースもあります。

強い太陽風の地球への襲来に備えるとともに、強い太陽風が国際宇宙ステーションや人工衛星に被害を及ぼさないようにしています。

コロナから発見された気体

フレアや黒点は太陽の表面（光球面）で起

こっている現象ですが、太陽には、おもに水素でできた大気が存在します。内側の大気層が彩層、外側に大きく広がる大気層がコロナです。

皆既日食中には、太陽表面が月に隠され、淡い太陽大気の様子、すなわち縁の近くの赤い彩層、その外側のずっと外側まで広がる真珠色のコロナが観察されます。この際の彩層部の分光観測により、一八六八年には地上では見つかっていない元素「ヘリウム」が見つかりました。ヘリウムとはギリシャ語で太陽を意味する言葉「ヘリオス」がその語源となっています。

一方、二十世紀の中頃になると、皆既日食のときにのみ見られる外層大気のコロナが、一〇〇万度を超える高温であることが分光観測で判明しました。太陽の表面温度は六〇〇〇度程度なので、それはとても驚くべきことでした。コロナ加熱のメカニズム解明に、その後、多くの太陽研究者が取り組むことになります。

なお、今後、日本にいながら皆既日食が見られるチャンスは、二〇三五年九月二日。この日、北関東から北陸にかけて皆既日食が起こります。当日、晴れることを願わずにはいられません。

異常気象は太陽のせい？

近年、集中豪雨や竜巻の発生、日本近海で発生する台風などの異常気象のほか、北極海の氷河の減少やエルニーニョ現象など、地球の気象現象に異変が目立ちます。「異常気象」とか「観測史上〇番目の」という言葉がよく聞かれるようになり、世界各地で被害も出ています。

地球では大規模な気候変動が起きているのではないか――そのような中で天文学者が注目していることがあります。それは、太陽活動と地球気候との関係についてです。

太陽の表面を観察すると、黒い点が見えます。太陽を取り巻く磁力線の一部が飛び出したり、引っ込んだりしているところは、太陽内部からエネルギーが伝わりにくくなって温度が下がり、黒く見えるのです。これを「黒点」と呼びます。

黒点は、およそ十一年周期で数が増減していますが、黒点の増減と地球の平均気温の変化を長年にわたって比べると、黒点が増える「極大期」には地球は暖かく、「極小期」には地球は寒い傾向があるとわかりました。理由やメカニズムについては諸説あり、いまだ解明されるまでには至っていません。

一六五〇年から一七〇〇年頃にかけて、太陽に黒点がほとんど見られない状態が続きました。「マウンダー極小期」と呼ばれています。この期間、地球は寒冷化して、ヨーロッパや日本ではたびたび飢饉(ききん)が起きています。

暦作りが歴史を変えた！

暦を作るお仕事

今、日本ではどこが暦を作っているかご存じですか？

じつは、国立天文台が作っています。国立天文台には暦計算室という部署があり、太陽をはじめとする諸天体の過去の運行観測からその後の動き、すなわち春分の日や秋分の日を予測します。そして、前年の二月一日頃に、翌年の暦を発表することが習わしとなっています。

よく、手帳やカレンダーの業者の方、気の早い市民の方から「もっともっと早く発表してほしい」「十年分、百年分をまとめて発表してほしい」という要望をいただきます。しかし、暦を作る作業は極めて厳密ですし（五月二十一日の日食が予報を外して二十日に起こったとか、日本では欠けなくてアメリカで欠けたとかでは困ってしまいますね）、天体の運行というのは長期予報が完全にはできないものなのです。

◆天文台に設置された渾天(こんてん)儀

いつ、大きな天体（彗星、小惑星）が地球に接近して、地球や月の通り道をほんのわずかでも変えてしまわないとも限らないからです。といっても念には念を入れてという意味で、お手元にある万年カレンダーを捨てる必要はありません。

　昔から、暦作りは国の政(まつりごと)でした。古代中国では、日食の予報を間違えて首を切られた専門官がいたというくらいです。

　以前、東京都蔵前にあった浅草天文台の跡地を訪ねたことがあります。私が勤める国立天文台は一九八八年に発足しましたが、その前身となる東京天文台は、さらに百年前の一八八八年に誕生しました。さらに東京天文台の前身が、今から三百三十年以上前の一六八五年に江戸幕府が設置した天文方（てんもんかた）というお役所になります。

天文方が活躍した時代

冲方丁（うぶかたとう）氏の『天地明察』という小説をご存じの方も多いと思います。この作品で描かれている渋川春海（はるみ）は実在の人物で、江戸幕府によって最初に任命された天文方の責任者です。

江戸幕府五代将軍・徳川綱吉の頃は、それまで京都の朝廷が長年にわたって司（つかさど）ってきた日本の暦は精度が悪く、日食や月食の予報に失敗の連続でした。文明の発祥とともに、天からの文を読み解く天文により、暦や時刻を各国独自に決めてきた習わしがあります。

渋川春海の活躍によって、精度の高い日本独自の暦が完成し、江戸幕府は五代目にしてようやく朝廷から大事な国の政を奪取したのです。

江戸時代のお役所は今と違って世襲制でしたが、渋川春海による開設以降、天文方の仕事は、養子縁組をくり返しながら幕末まで維持されてきました。浅草天文台は、一七八二年（天明二年）に設置された日本で最初の本格的な天文台です。

鳥越神社の近くに高さ一〇メートルの盛り土をして作られ、当時はいくつかの天体観測装置が設置され、多くの天文方が活躍しました。日本地図を作ったことで有名な伊能忠敬も寛政時代の優秀な天文方、高橋至時の弟子としてここで天文学や測地法を学びました。

一八六八年の明治維新後、西洋にならって一八七三年（明治六年）に、それまでの太陰太陽暦に代わって初めて太陽暦が採用になります。天文方は一八七七年に発足する東京大学の前身の一つで、東京大学には理学部星学科が設置されます。そして一八八八年に東京都の麻布飯倉に東京大学東京天文台が設置され、その後、関東大震災を契機に、現在の東京都三鷹市に本部が移設され、一九八八年に東京大学から独立する際に名称が変更になり、国立天文台となりました。

私たちの将来を考えるうえで、三百三十年以上に及ぶ国立天文台の歴史の中での先人たちの足跡をたどることは重要です。大先輩たちがもし生きていたら怒鳴りつけられないような仕事をしたいものだと思います。

生活に欠かせなかった天文知識

ハッピーマンデーの導入で、国民の祝日が何月何日なのかがわかりにくくなったように感じます。

三月の春分の日、九月の秋分の日、夏至や冬至、さらに二十四節気（大寒、啓蟄、立夏など）などは、天文現象、すなわち一年間の太陽の動きの予測によって毎年、日にちが変わります。たとえば春分の日とは、太陽が南半球から天の赤道を横切って北半球に移る時刻が含まれる日のことです。なんだか面倒でわかりにくいですね。この日は太陽が真東から昇って真西に沈む日と記憶するとよいでしょう。

このように、暦、カレンダーというのは、天体観測に基づいて毎年作られるものです。暦の歴史は古く諸説あるものの、少なくとも今から五千年以上前から使われていたようです。太古の時代、暦はおもに農耕をするのにとても重要でした。

たとえば、古代エジプトにおいては、毎年決まった時期にナイル川が氾濫するため、その時期を恒星シリウスが明け方の東に見えるかどうかで予測していました。季節によって見える星座が異なるのは、地球の公転の結果、一年という周期があるからです。

天文現象で最も周期性がわかりやすいのは、月の満ち欠け（朔望）です。これによって一カ月が定まります。まるで天空に見える日めくりカレンダーのようで、これを「太陰暦」と呼びます。今でもイスラム教の国々が利用しています。

一方、動きが遅いので観察は必要ですが、太陽の沈む位置を調べると、季節によって真西から南に寄ったり北に寄ったりと、一年の周期で変化しています。太陽の天空上での動きを基準に作った暦が「太陽暦」です。

月の朔望はわかりやすいのですが、一朔望月は約二十九・五日のため、そのまま十二カ月間では太陽の動きの一年間とずれてしまい、暦に季節感がなくなってしまいます。そこで、月の朔望と太陽の動きをミックスし、必要に応じて「うるう月」を設けてつじつまを合わせる暦が編み出されました。これが「太陰太陽暦」、いわゆる「旧暦」です。中国のように、今でも太陰太陽暦を生活に取り入れている国もたくさんあります。

世界の歴史の中では、シリウスのような恒星や、月、太陽以外の天体を暦の基準にした地域もあります。中米のマヤ文明では、金星の動きを基準とするマヤ暦が採用されていました。

織り姫と彦星はデートできない⁉

星と星との距離はどれくらい？

私たち日本人にとって、最もなじみ深い恒星は七夕の星、織り姫星と彦星ではないでしょうか。仙台や平塚をはじめ七夕祭を盛大に祝う地域も少なくありません。日本各地の駅や商店街で笹飾りを目にするのみならず、幼稚園・保育園、小学校などでは七夕祭をしているところが多いと思います。しかし、七夕は織り姫と彦星の年に一度のデートの日なのに、夜空は晴れないという年がほとんどですね。

七夕は、古くに中国から伝わった伝承です。明治五年（一八七二年）までは太陰太陽暦といって現在の太陽暦とは異なる暦を用いていました。いわゆる旧暦です。旧暦の七月七日は通常の年ですと、梅雨明け後、八月の頃になりますから、江戸時代までは七夕の日には実際に夜空に浮かぶ月齢七の月と天の川、そしてその両岸に輝く織り姫星、彦星を眺めて盛大に祝ったようです。

地球から織り姫星（こと座のベガ）まで二五光年、彦星（わし座のアルタイル）までは一七光年あります。

宇宙の距離を表す単位には、太陽系内で用いる「天文単位」と、星座を形作る星々の世界のようなもっと遠い宇宙で用いる「光年」があります。

「一天文単位」とは、どのくらいの距離をさすのでしょう。

太陽系の中心には太陽があります。眩しく輝く太陽。しかし、私たちが見る太陽は、「今」の太陽ではありません。太陽から光が届くのには、太陽－地球間の距離、約一億五〇〇〇万キロメートルを太陽光が旅してきます。この距離を光が進んでくるのに、八分十九秒（四百九十九秒）かかるのです。この距離を「一天文単位」と呼びます。

つまり、今この瞬間に太陽が爆発しても、八分十九秒しないと地球にいる私たちは気がつくことができません。

一方、光が宇宙空間を一年間で進む距離を「一光年」と呼びます。光は真空中、すなわち宇宙空間を秒速約三〇万キロメートル進むので、一秒間に地球を七周半回ることができます（地球の全周は約四万キロメートル）。

◆天文単位と光年

光が一年間まっすぐに進むと、約九兆五〇〇〇億キロメートルかなたまで進むことができます。一九七七年に打ち上げられた惑星探査機ボイジャー1号は、人工物としては世界最速クラスの速さで、太陽系の外側に向かって時速六万キロメートルという高速で運動しています。

打ち上げから四十数年経って、それでも達した距離は地球からおよそ一五〇天文単位、すなわち二二三〇億キロメートル程度ですので、光の速さがいかに速いのかがわかります。

織り姫と彦星の恋のゆくえ

織り姫、彦星とともに夏の大三角を作る

一等星に、はくちょう座のデネブという恒星があります。これは地球から一四〇〇光年離れているので、私たちは千四百年前の光を見ています。このように、まるでプラネタリウムの円い天井に張りついているようにも見える恒星までの距離は、じつはマチマチです。逆に考えると、二五光年、一七光年、一四〇〇光年とまったく異なる距離にある恒星が地上からはほぼ同じ明るさで見えるのも不思議な話です。

見かけ上の明るさは、その星からの距離の二乗に反比例するので、彦星とデネブの本当の明るさは、一万倍近くも異なるのです。デネブのように大量の光を放出している恒星は、巨星とか超巨星と呼ばれます。このように恒星にも個性があることがわかります。

織り姫星からの光は、二十五年前の光が地球に届いていることになります。一方、彦星までは地球から一七光年なので、十七年前の光になります。両星間の距離は一五光年あります。九兆五〇〇〇億キロメートル×一五の距離です。

七夕が近づいて、織り姫が「彦星さん、七月七日に天の川で会いましょう」と連絡すると、その電波は十五年後に彦星に届きます。そして彦星が「いいよ」とすぐに返しても、三十年してようやく織り姫に返事が届くことになります。

◆ベガ（織り姫星）とアルタイル（彦星）と地球の距離

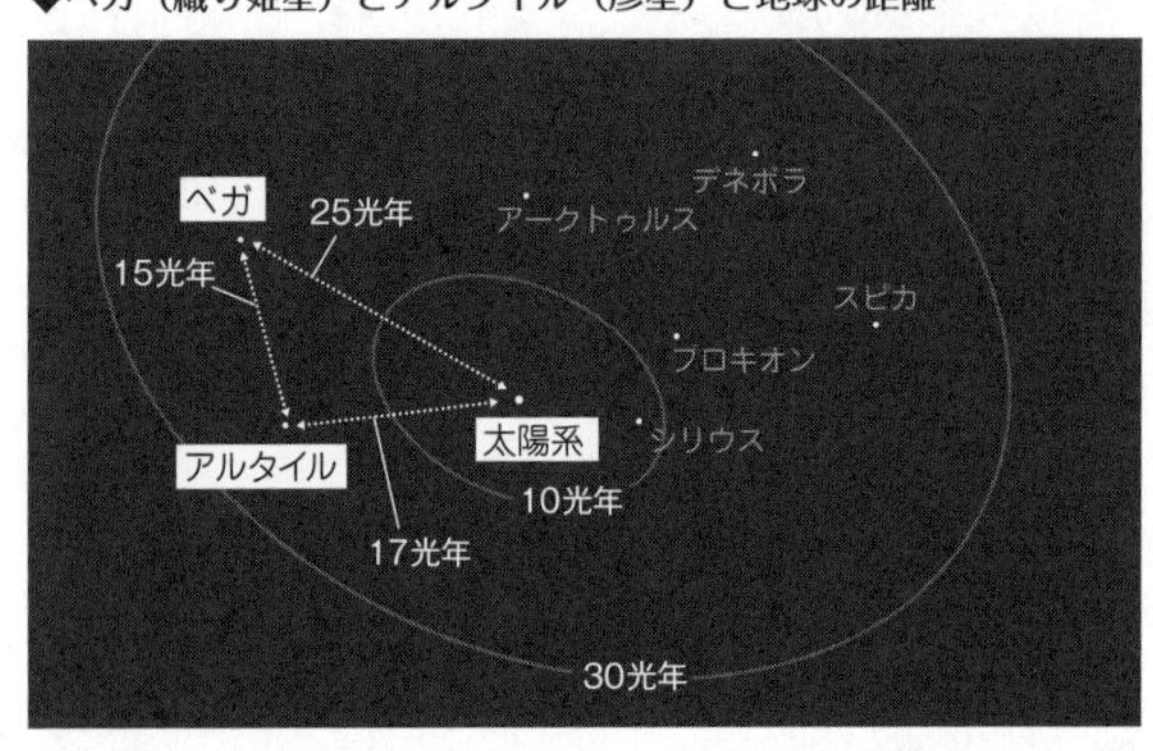

天文学的にいえば、織り姫と彦星は毎年会うことはできません。

天文学者は宇宙を調べていますが、このお話同様に、遠くを見るほど昔の姿しか見えません。今現在の姿がわかるのは地球の周辺の宇宙だけなのです。

地球とよく似た星の存在

現在のところ、地球以外の星では生命が一つも見つかっていません。それでも一九九五年にペガスス座51番星という恒星で、世界で初めて太陽系外の惑星（系外惑星）が発見されました。

古くからその存在は想像されてきましたが、自ら光っていない遠くの星を見つけるには天体観測技術の発展が不可欠でした。その後、次々と系外惑星が発見され、現在では四八〇〇個を超える系外惑星が確認されています。

もちろん、織り姫さんも彦星さんもまだ見つかってはいませんが、地球とよく似た大きさや環境の星も次第に見つかりつつあります。現在稼働中の天体望遠鏡や観測衛星では、まだ、生命が住む星の候補天体に生命が存在するかどうかを解き明かす能力はありません。

ただし、二〇二〇年代以降は、たとえば口径三〇メートルを超えるような超大型望遠鏡が完成したり、生命の住む星を探し出すことを目的とした宇宙望遠鏡が打ち上げられたりする予定なので、やがて映画『スター・ウォーズ』のような世界が現実のものとなるかもしれません。

太陽系の果てを探して

土星から見た地球

私たちの太陽系の中心にあるのは、恒星である太陽です。地球上のほとんどの生物は、太陽のエネルギーを頼りに存在しています。太陽から地球までの距離は、約一億五〇〇〇万キロメートル。光が八分十九秒で到達する距離です。

ということは、今見上げる太陽は、八分十九秒前の太陽です。この約一億五〇〇〇万キロメートルが一天文単位という太陽系内の距離の基準でした。

太陽から土星までの距離は、その一〇倍である一〇天文単位です。土星の近くまで行ってみましょう。七四頁で紹介したように、惑星探査機「カッシーニ」は、土星を周回しながら探査を続けました。

そして二〇一三年、土星の影で太陽を隠して地球の撮影を試みました。そうしなければ、太陽が眩しすぎて地球や火星などの惑星を撮影することができないからです。撮影のときには、地球上から二万人以上の人が土星に向かって手を振りました。この記念写真を見ると、地球はほんの小さな点であることを実感することができます。

ボイジャー1号は今どこに？

人類が打ち上げた人工物の中で、一番遠くまで行っているのは「ボイジャー1号」です。一九七七年に相次いで打ち上げられたボイジャー1号と2号は、数多い惑星探査機の中で、歴史上、最も活躍した探査機といってもよいでしょう。

両機は木星と土星に接近し、2号はさらに天王星、海王星にも接近しました。木星の衛星イオでは、活火山が噴火している様子を発見しました。また、土星では環の構造を詳細に写し、無数の細かい環が集まってできていることがわかりました。ボイジャーから送られてきた迫力ある画像に、多くの人が魅了されました。

先行する1号は現在、地球から約二三〇億キロメートルの距離を航行中で、これは太陽と地球間の距離の約一五〇倍にも達します。もし、あなたがボイジャー1号に乗っていたとしたら、そこからはもう、肉眼で私たちの故郷・地球を見つけるのは難しいことでしょう。

ボイジャー計画を推進したのは、米国の天文学者カール・セーガンです。彼は、宇宙人へのメッセージを、パイオニアやボイジャーに託したことでも有名です。

一九九〇年、ボイジャー1号が撮影した写真を、地球に送信できる最後のチャンスに、振り返って太陽系の惑星たちをすべて撮影するようボイジャー1号に指令を送りました。ボイジャーが指令を受けたときの位置は、地球から四〇天文単位（約六〇億キロメートル）、ちょうど冥王星あたりの距離からの撮影となりました。

辛うじて写し出された地球は、ほんの微(かす)かな光の点でした。この地球画像は「ペイル・ブルー・ドット」と呼ばれ、今でも最も遠くから撮影された地球の写真です。

そして二〇一三年九月、ボイジャー1号が人工物体として初めて太陽圏を出たことをNASAが発表しました。しかし、1号は太陽系を出たのではなく、「太陽磁気圏」を脱出したにすぎません。太陽から放出される荷電粒子、すなわち太陽風が及ぶ範囲を太陽磁気圏（略して太陽圏）と呼びます。ボイジャー1号は、太陽風よりも太陽系周囲の恒星からの荷電粒子のほうが多い領域に達したということになります。

◆ボイジャーのルート

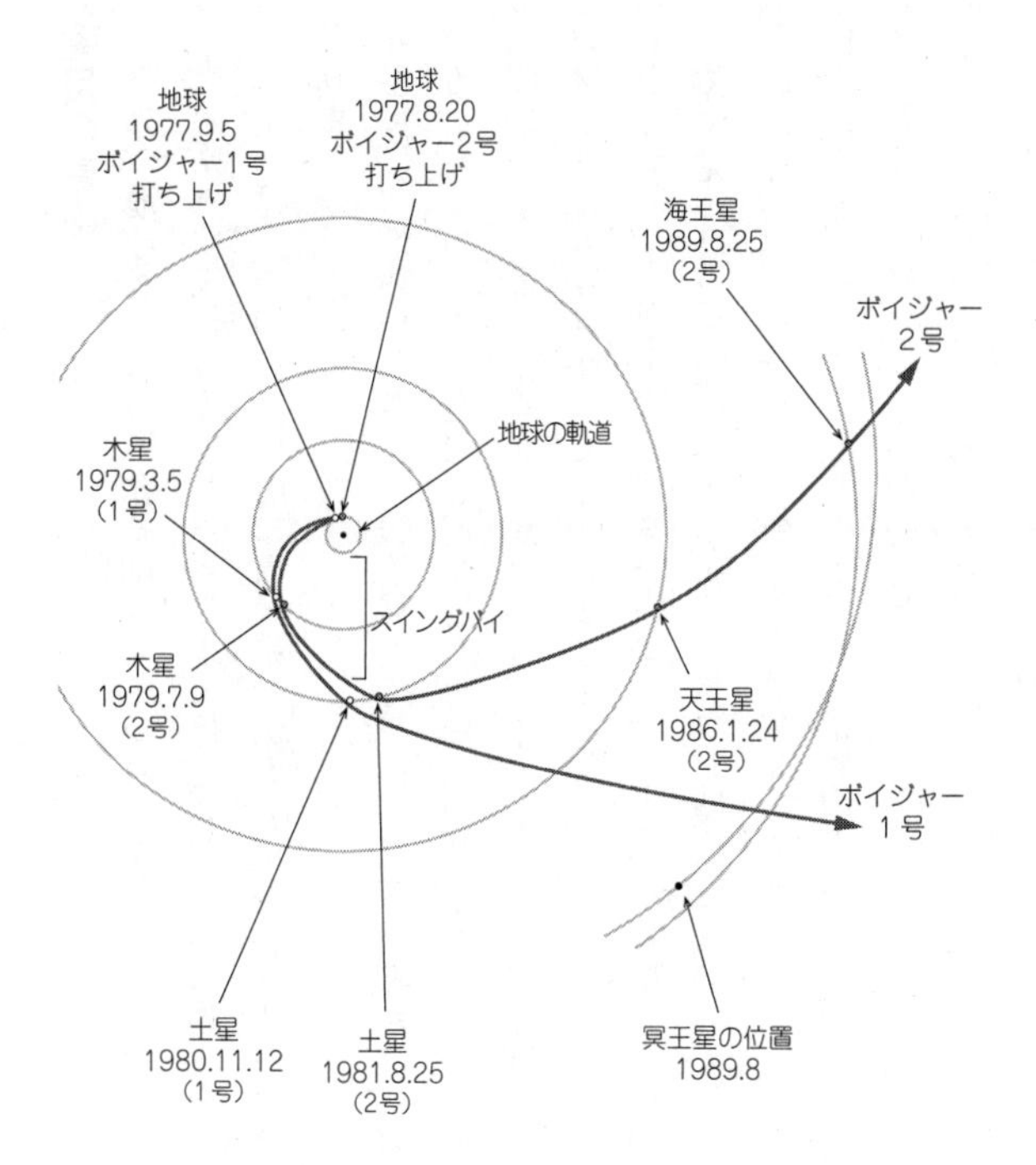

参考：『新版地学教育講座⑪』「星の位置と運動」東海大学出版会、1994年

九番目の惑星

ところで、地球から二〇〇億キロメートルのかなた、すなわち海王星よりも外側には、太陽系外縁天体と呼ばれる氷の小天体たちが太陽の周りを公転しています。二〇一六年一月、その遠い場所に太陽系の第九惑星が存在する可能性が高いことが発表されました。

第九惑星は、地球の重さの一〇倍程度で、一〜二万年もかけて太陽の周りを一周しているというのです。ただし、太陽から同じ距離を回っているのではなく、通り道は楕円形です。最も太陽から離れると、ボイジャー1号を超え、太陽から九〇〇億キロメートルも遠ざかってしまいます。

このわくわくするような予言をしたのは、二〇〇三年に冥王星の外側にエリスという天体を見つけた米国のマイケル・ブラウン博士(一九六五〜)たちです。エリスの発見が原因で、冥王星は第九惑星から準惑星になりました(一六二頁)。そのブラウン博士自身による新たな第九惑星の予言は、世界中から今、大きく注目されています。

では、太陽系の果てはどこなのでしょうか? 天文学者は通常、長周期彗星の巣である「オールトの雲」までを太陽系と認識しています。オールトの雲は太陽の重

◆太陽系の果て「オールトの雲」

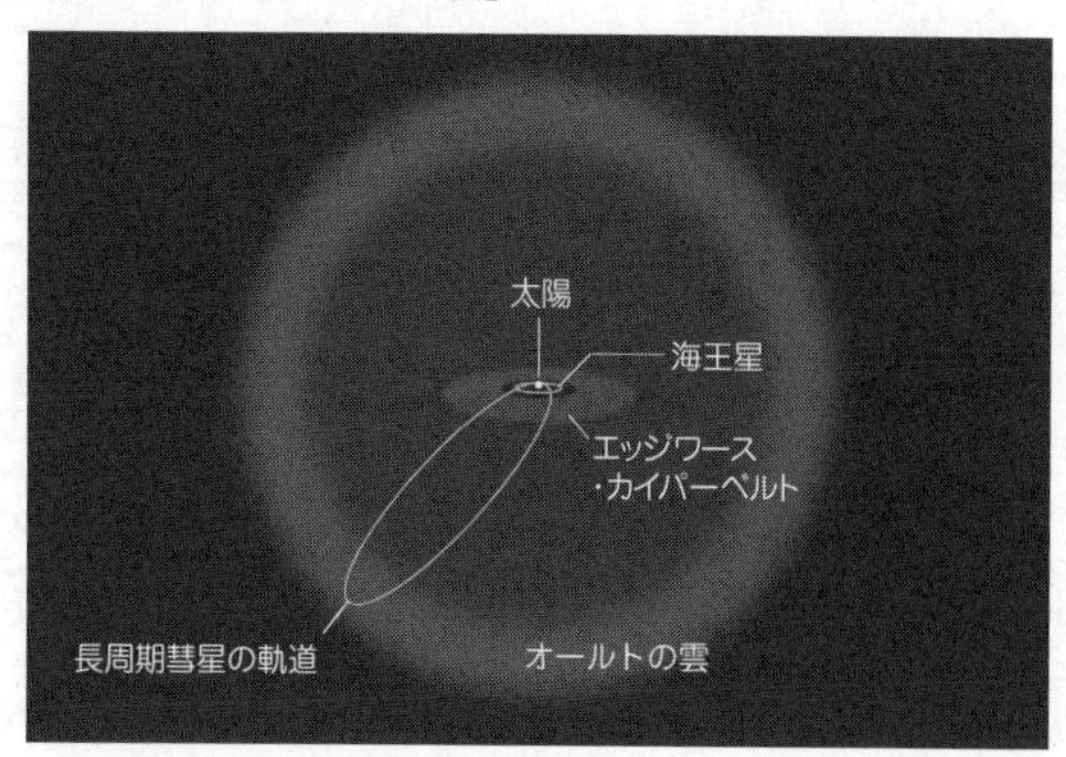

力によって太陽の周りを公転している天体が存在する範囲内をいい、太陽系を球殻状に取り囲んでいます。一九五〇年、オランダの天文学者ヤン・オールト（一九〇〇〜一九九二）が提唱しました。

オールトの雲からは、パンスターズ彗星やアイソン彗星といった多くの彗星がやってきています。太陽系の形成史から考えても、ここまでが四十六億年前に誕生した太陽系の一員と考えられています。

地球からオールトの雲までは、太陽－地球間の距離のおよそ一万倍離れており、一兆キロメートルもの距離があります。まだまだ太陽系の果ては遠いということでしょうか。

一番星を見る方法

空が最も美しい時間

秋の日は、つるべ落とし。夏の喧騒(けんそう)が去った後の秋の夕暮れも、自然界が用意してくれた素敵な原風景です。しかし、どの季節でも、日が沈んですぐに空は真っ暗にはなりません。西の空で夕焼けが美しく輝くとともに、次第に空が暗くなっていきます。

日が沈んでから真っ暗になるまでの時間帯と、早朝、日の出前までの時間帯を「薄明（トワイライト）」と呼びます。地平線の下にある太陽の光が、大気中の塵や水蒸気によって散乱し、空が薄明るくなるのです。

薄明は、季節によって長さが若干異なりますが、日本においては、およそ一時間半程度です。この薄明が、空が最も美しく感じられる時間といわれています。一方、北極圏や南極圏など、緯度の高い地域ほど、季節によって薄明の長さが変わります。北緯六六度以上の場所を北極圏と呼びますが、夏の時期には太陽が一日中沈まない白夜(びゃくや)が起こります。また、北極圏にほど近い場所では、太陽はわずかに地平線下に沈むものの、薄明が続いたまま朝を迎えることになります。この場合も白夜と呼ばれています。

さて、美しい空を愛(め)でるとともに、天空でキラリと光る一番星を探してみませんか。

地域によって、薄明の時間は異なります。一三五頁からのカレンダーで、お住まいの場所の薄明のタイミングを知っておきましょう。

一番星は何の星？

季節を問わず、日が沈んだ西の空にひときわ明るく光る星が見られることがあります。それは大抵の場合、金星でしょう。金星は宵(よい)の明星(みょうじょう)、または明けの明星と古くから呼ばれてきました。地球に最も近い惑星であり、かつ、その表面は分厚い雲に覆われていて、太陽の光をそのまま反射していますので、マイナス四等星という一等星の一〇〇倍もの明るさで、夕空の西の空か、明け方の東の空で輝いています。眼の良い人は、薄明が始まる前から青空の中で金星を見つけられるそうですが、一般的には、薄明が始まってすぐに見つかることが多いでしょう。

金星が夕空にいない場合は、その季節の一等星か、他の惑星が一番星になるケースがほとんどです。また、同じ空に光る星でも、金星をはじめとする惑星と、星座を形作る恒星とでは光り方に違いがあるのをご存じでしょうか。

シリウスやリゲル、ベガなどの恒星の場合は、あまりにも遠いところにあるので光は一つの点として地球に届きます。光が地球に近づくと、大気によって光子の動きが拡散され、地上から恒星を見ると、まるでチカチカと瞬くように輝いて見えます。特に、上空でジェット気流の流れが速くなる冬の夜には、星の瞬きがいつもより大きくなっていることに気づかれるでしょう。

一方、惑星の場合は、望遠鏡でちょっと拡大してみるだけでその表面が観察可能なように、光が面積を持って地球大気にやってきます。このため、恒星と同様に大気で光子が拡散しても、打ち消しあってずっしりと輝いて見えるのです。この違いを知っておけば、一番星が惑星なのか恒星なのかがわかります。

夕暮れの手が空いた時間に、浮かんでくる星々との対話をしてみませんか？

◆トワイライトカレンダー（札幌、東京、京都、福岡）

札幌（緯度：43.07°　経度：141.35°）

月　日	日出	日入	月　日	日出	日入	月　日	日出	日入
1/ 1	7:06	16:10	5/ 1	4:29	18:35	9/ 1	4:58	18:10
6	7:06	16:15	6	4:22	18:41	6	5:04	18:01
11	7:05	16:20	11	4:16	18:47	11	5:09	17:53
16	7:03	16:26	16	4:10	18:52	16	5:15	17:44
21	7:00	16:32	21	4:06	18:57	21	5:20	17:34
26	6:56	16:39	26	4:02	19:02	26	5:26	17:25
31	6:51	16:45	31	3:59	19:06			
2/ 1	6:50	16:47	6/ 1	3:58	19:07	10/ 1	5:31	17:17
6	6:44	16:53	6	3:56	19:11	6	5:37	17:08
11	6:38	17:00	11	3:55	19:14	11	5:43	16:59
16	6:31	17:07	16	3:55	19:16	16	5:49	16:51
21	6:24	17:13	21	3:55	19:18	21	5:55	16:43
26	6:16	17:20	26	3:57	19:18	26	6:01	16:35
						31	6:07	16:28
3/ 1	6:11	17:23	7/ 1	3:59	19:18	11/ 1	6:09	16:27
6	6:03	17:30	6	4:02	19:17	6	6:15	16:21
11	5:54	17:36	11	4:05	19:15	11	6:21	16:15
16	5:45	17:42	16	4:09	19:12	16	6:28	16:10
21	5:37	17:48	21	4:14	19:08	21	6:34	16:06
26	5:28	17:54	26	4:19	19:03	26	6:40	16:03
31	5:19	17:59	31	4:24	18:58			
4/ 1	5:17	18:01	8/ 1	4:25	18:56	12/ 1	6:46	16:01
6	5:08	18:06	6	4:30	18:50	6	6:51	16:00
11	5:00	18:12	11	4:35	18:43	11	6:56	16:00
16	4:52	18:18	16	4:41	18:36	16	6:59	16:01
21	4:44	18:24	21	4:46	18:28	21	7:03	16:03
26	4:36	18:30	26	4:52	18:20	26	7:05	16:05
			31	4:57	18:12	31	7:06	16:09

◎日の入り後の約1時間30分、日の出前の約1時間30分が薄明（トワイライト）です。
◎太陽の上辺が地平線（または水平線）に一致する時刻を、日の出・日の入りの時刻と定義しています。

東京（緯度：35.66°　経度：139.74°）

月	日	日出	日入
1/	1	6:51	16:39
	6	6:51	16:43
	11	6:51	16:47
	16	6:50	16:52
	21	6:48	16:57
	26	6:45	17:02
	31	6:42	17:07
2/	1	6:41	17:08
	6	6:37	17:14
	11	6:32	17:19
	16	6:27	17:24
	21	6:21	17:29
	26	6:15	17:33
3/	1	6:11	17:36
	6	6:05	17:41
	11	5:58	17:45
	16	5:51	17:49
	21	5:44	17:53
	26	5:37	17:58
	31	5:29	18:02
4/	1	5:28	18:02
	6	5:21	18:07
	11	5:14	18:11
	16	5:07	18:15
	21	5:01	18:19
	26	4:55	18:23

月	日	日出	日入
5/	1	4:49	18:27
	6	4:44	18:32
	11	4:40	18:36
	16	4:35	18:40
	21	4:32	18:44
	26	4:29	18:47
	31	4:27	18:51
6/	1	4:27	18:51
	6	4:25	18:54
	11	4:25	18:57
	16	4:25	18:59
	21	4:25	19:00
	26	4:27	19:01
7/	1	4:29	19:01
	6	4:31	19:00
	11	4:34	18:59
	16	4:37	18:57
	21	4:41	18:54
	26	4:44	18:50
	31	4:48	18:46
8/	1	4:49	18:46
	6	4:53	18:41
	11	4:57	18:35
	16	5:00	18:30
	21	5:04	18:24
	26	5:08	18:17
	31	5:12	18:10

月	日	日出	日入
9/	1	5:13	18:09
	6	5:17	18:02
	11	5:20	17:55
	16	5:24	17:47
	21	5:28	17:40
	26	5:32	17:33
10/	1	5:36	17:25
	6	5:40	17:18
	11	5:44	17:11
	16	5:48	17:05
	21	5:52	16:59
	26	5:57	16:53
	31	6:02	16:47
11/	1	6:03	16:46
	6	6:07	16:41
	11	6:12	16:37
	16	6:17	16:34
	21	6:22	16:31
	26	6:27	16:29
12/	1	6:32	16:28
	6	6:36	16:28
	11	6:40	16:28
	16	6:44	16:29
	21	6:47	16:31
	26	6:49	16:34
	31	6:50	16:38

京都（緯度：35.02°　経度：135.75°）

月	日	日出	日入
1/	1	7:05	16:56
	6	7:05	17:00
	11	7:05	17:05
	16	7:04	17:09
	21	7:02	17:14
	26	7:00	17:19
	31	6:57	17:24
2/	1	6:56	17:26
	6	6:52	17:31
	11	6:47	17:36
	16	6:42	17:40
	21	6:37	17:45
	26	6:31	17:50
3/	1	6:27	17:52
	6	6:20	17:57
	11	6:14	18:01
	16	6:07	18:05
	21	6:00	18:09
	26	5:53	18:13
	31	5:46	18:17
4/	1	5:44	18:18
	6	5:37	18:22
	11	5:31	18:26
	16	5:24	18:30
	21	5:18	18:34
	26	5:12	18:38

月	日	日出	日入
5/	1	5:06	18:42
	6	5:01	18:46
	11	4:57	18:50
	16	4:53	18:54
	21	4:49	18:58
	26	4:47	19:02
	31	4:45	19:05
6/	1	4:44	19:06
	6	4:43	19:08
	11	4:42	19:11
	16	4:42	19:13
	21	4:43	19:14
	26	4:45	19:15
7/	1	4:46	19:15
	6	4:49	19:14
	11	4:52	19:13
	16	4:55	19:11
	21	4:58	19:08
	26	5:02	19:05
	31	5:05	19:01
8/	1	5:06	19:00
	6	5:10	18:55
	11	5:14	18:50
	16	5:17	18:45
	21	5:21	18:39
	26	5:25	18:32
	31	5:29	18:26

月	日	日出	日入
9/	1	5:29	18:24
	6	5:33	18:17
	11	5:37	18:10
	16	5:40	18:03
	21	5:44	17:56
	26	5:48	17:49
10/	1	5:51	17:42
	6	5:55	17:35
	11	5:59	17:28
	16	6:03	17:21
	21	6:08	17:15
	26	6:12	17:09
	31	6:17	17:04
11/	1	6:18	17:03
	6	6:22	16:59
	11	6:27	16:54
	16	6:32	16:51
	21	6:37	16:48
	26	6:42	16:47
12/	1	6:46	16:45
	6	6:51	16:45
	11	6:54	16:46
	16	6:58	16:47
	21	7:01	16:49
	26	7:03	16:52
	31	7:05	16:55

福岡（緯度：33.58°　経度：130.40°）

月 日	日出	日入	月 日	日出	日入	月 日	日出	日入
1/ 1	7:23	17:21	5/ 1	5:30	19:01	9/ 1	5:52	18:44
6	7:23	17:25	6	5:25	19:05	6	5:55	18:38
11	7:23	17:29	11	5:21	19:09	11	5:59	18:31
16	7:22	17:34	16	5:17	19:13	16	6:02	18:24
21	7:21	17:39	21	5:14	19:16	21	6:05	18:17
26	7:18	17:44	26	5:12	19:20	26	6:09	18:10
31	7:15	17:49	31	5:10	19:23			
2/ 1	7:15	17:49	6/ 1	5:09	19:23	10/ 1	6:12	18:03
6	7:11	17:54	6	5:08	19:26	6	6:16	17:57
11	7:07	17:59	11	5:08	19:29	11	6:20	17:50
16	7:02	18:04	16	5:08	19:30	16	6:24	17:44
21	6:56	18:08	21	5:09	19:32	21	6:28	17:38
26	6:51	18:12	26	5:10	19:32	26	6:32	17:33
						31	6:36	17:28
3/ 1	6:47	18:15	7/ 1	5:12	19:33	11/ 1	6:37	17:27
6	6:41	18:19	6	5:14	19:32	6	6:41	17:22
11	6:34	18:23	11	5:17	19:31	11	6:46	17:18
16	6:28	18:27	16	5:20	19:29	16	6:51	17:15
21	6:21	18:31	21	5:23	19:26	21	6:55	17:13
26	6:14	18:34	26	5:26	19:23	26	7:00	17:11
31	6:08	18:38	31	5:30	19:19			
4/ 1	6:06	18:39	8/ 1	5:30	19:19	12/ 1	7:04	17:10
6	6:00	18:42	6	5:34	19:14	6	7:08	17:10
11	5:53	18:46	11	5:37	19:09	11	7:12	17:11
16	5:47	18:50	16	5:41	19:04	16	7:16	17:12
21	5:41	18:54	21	5:44	18:58	21	7:19	17:14
26	5:35	18:57	26	5:48	18:52	26	7:21	17:17
			31	5:51	18:46	31	7:22	17:20

※うるう年などの関係で、年によって１～２分ずれることがあります。詳しくは毎年発行されているその年の『理科年表』や『天文年鑑』で確認してください。

今日の一番星が見れたら
イヤなことも忘れちゃうね

Part Ⅲ

宇宙はふしぎに満ちている

$$G_{\mu\upsilon}+\Lambda g_{\mu\upsilon}=kT_{\mu\upsilon}$$

$$\Lambda g_{\mu\upsilon}$$

「宇宙の一番星」を発見せよ

宇宙の暗黒問題

今、天文学者の前にはダークエイジ（宇宙の暗黒時代）、ダークマター（暗黒物質）、ダークエネルギー（暗黒エネルギー）という三つの暗黒問題が横たわっています。この項では「ダークエイジ」を、続く項で「ダークマター」と「ダークエネルギー」を取り上げましょう。

宇宙は今からおよそ百三十八億年前、ビッグバンによって誕生したと考えられています。これを「ビッグバン宇宙論」と呼びます。「ダークエイジ」とは、ビッグバンの三十八万年後に起こった「宇宙の晴れ上がり」という現象から、宇宙の一番星が誕生するまでの数億年間の暗闇のことです。つまり、宇宙で星が輝き出す前の時代をいいます。

この時代のことは、今でもよくわかっていません。一番星が誕生するような宇宙の初期、すなわち最も遠い宇宙を調べるには、現存するよりもさらに大型の天体望遠鏡が必要と考えられています。

ビッグバンと宇宙の誕生

そもそも宇宙の始まりも、まだよくわかっていない大問題の一つです。宇宙は「無」から生まれたともいわれます。無とは、現在の宇宙のような「物質」「空間」、そして「時間」さえも存在しない状態を指します。

生まれたての宇宙では、次元の数が一一もあったと予想されています。やがて余分な次元は小さくなり、空間の三次元、時間の一次元だけが残ったのだといいます。少なくとも私たちの住むこの宇宙は、四次元の宇宙です。

宇宙は誕生と同時に、あたかも微小なウイルスが一瞬のうちに銀河団以上の大きさになるほどの、想像を絶する膨張を起こしました。これを「インフレーション」と呼びます。

インフレーションがあったことの証拠はまだ見つかっていませんが、状況証拠から、理論的には強く支持されている考えです。そしてその時期、宇宙に内包されていた真空のエネルギーが突如、熱エネルギーに相転移します。狭義には、この相転移（瞬間）をビッグバンと呼びます。

ビッグバンのすさまじい熱は、生まれたばかりの宇宙空間をさらに膨張させていきました。インフレーションとビッグバンによって宇宙に時間が誕生し、空間が広がり始めたというわけです。

ビッグバンはまるで、火の玉宇宙です。恒星内部の核融合反応を超えるような超高温・超高密度状態であったと考えられます。そこで大量の素粒子が生まれました。

当時、素粒子には二つの種類がありました。一つが「粒子」で、もう一つが粒子と反応すると莫大（ばくだい）なエネルギーを出して消滅してしまう「反粒子」です。反粒子は粒子に比べて数が少なく、一〇億個に一個ほどだったため、宇宙のごく初期にすべて消滅しました。わずかに残った粒子が、現在の宇宙のすべての物質の元となったのです。

霧の中から晴れ上がりへ

◆宇宙の歴史

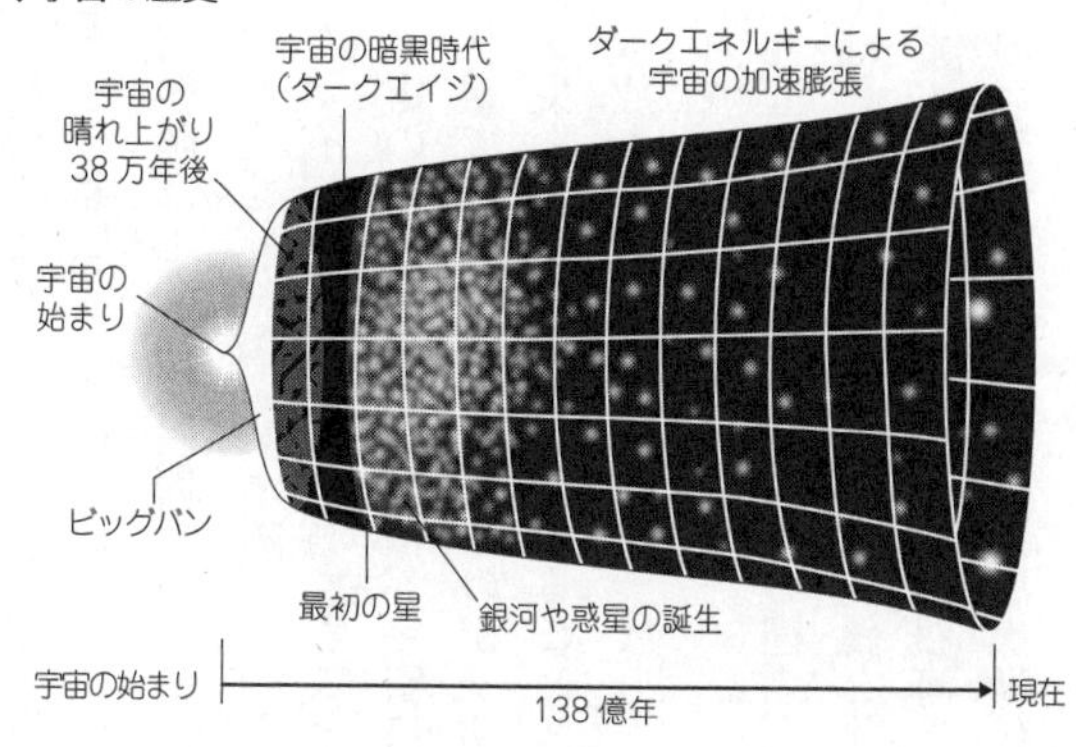

宇宙は急激な膨張とともに、温度が次第に下がっていきました。このとき、素粒子の仲間クォークが集まり、陽子や中性子ができました。さらに陽子や中性子が集まって、水素やヘリウムの原子核が誕生しました。このとき生まれた原子核は、総数の九二パーセントが水素、残り八パーセントがヘリウム、ごくわずかにリチウムもできました。ここまでが、ビッグバン直後の約三分間の出来事です。

初期の宇宙では、大量の電子が飛び交っていました。光子は電子と衝突すると直進できないため、当時、宇宙は霧の中のように不透明でした。そして、ビッグバンから三十八万年後、宇宙の温度が膨張とともに十分に冷えてくる（三〇〇〇度）と、電子は原子核と結合して原子となり、光子の進路を邪魔しなくなりました。こうして、宇宙は見通しが良くなりました。これが宇宙の晴れ上がりの瞬間です。

このときに解き放たれた光を、現在私たちは宇宙背景放射として、絶対温度で3Kのマイクロ波として観測することができます。

宇宙の晴れ上がりの後は、宇宙にあるすべての水素、ヘリウム、リチウムが原子の状態でした。光を放つものが一切ない暗闇が、数億年間続きました。これらの元素が集まって恒星が誕生することによって、初めて恒星からの光が深い闇の宇宙に解き放たれます。その光、つまり宇宙の一番星を見つけようと各国の天文台が鎬（しのぎ）を削っているのです。

九五頁でも述べた、日本の国立天文台が国際協力して製作中の超巨大望遠鏡TMTは、完成するとすばる望遠鏡と比べて解像力は四倍、集光能力は一〇倍以上になります。宇宙の一番星や一番銀河の形成が、きっととらえられることでしょう。

口径三〇メートルを超える次世代超大型望遠鏡計画は、世界で他にも二つ計画されており、近い将来、三〇メートルクラスの望遠鏡でのサイエンスが天文学の主流となることでしょう。

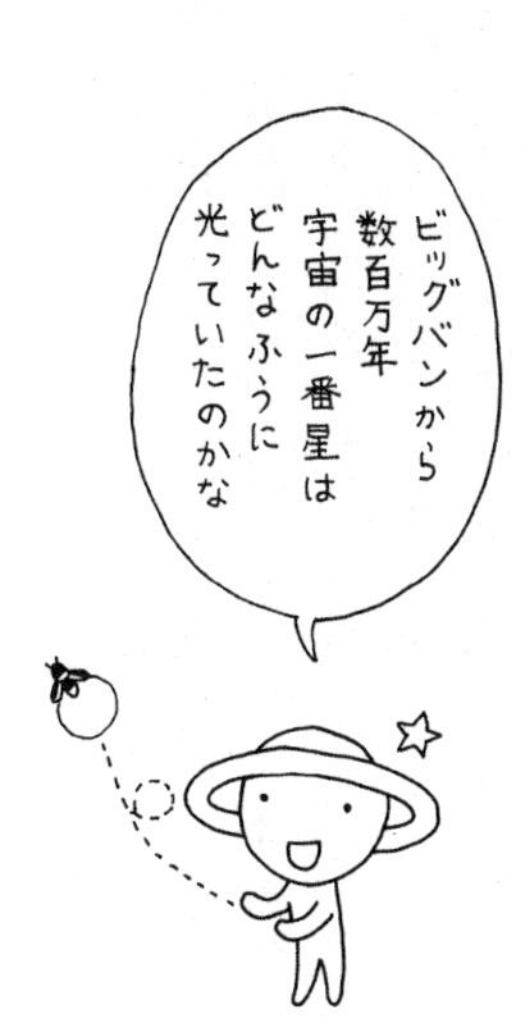

ビッグバンから
数百万年
宇宙の一番星は
どんなふうに
光っていたのかな

ダークエネルギーの謎

ダークマターの正体

地球の大気は、その七八パーセントが窒素分子、二一パーセントが酸素分子からできています。また、私たち人類の体の組成は、元素で比較してみると、酸素が六五パーセント、炭素が一八パーセント、水素が一〇パーセント、窒素が三パーセントなどです。では、宇宙はどのように構成されているのでしょうか?

二〇一三年、欧州宇宙機関(ESA)が打ち上げた宇宙マイクロ波背景放射探査衛星プランクが、最新の研究結果を発表しました。それによると、宇宙を構成している物質とエネルギーの総和のうち、通常の物質は四・九パーセント、ダークマターは二六・八パーセント、ダークエネルギーが六八・三パーセントとわかりました。

空に輝く恒星をはじめ宇宙を構成している元素は、宇宙全体の物質とエネルギーの総和に対し、たった五パーセント程度にすぎないというのです。

◆宇宙は何でできている？

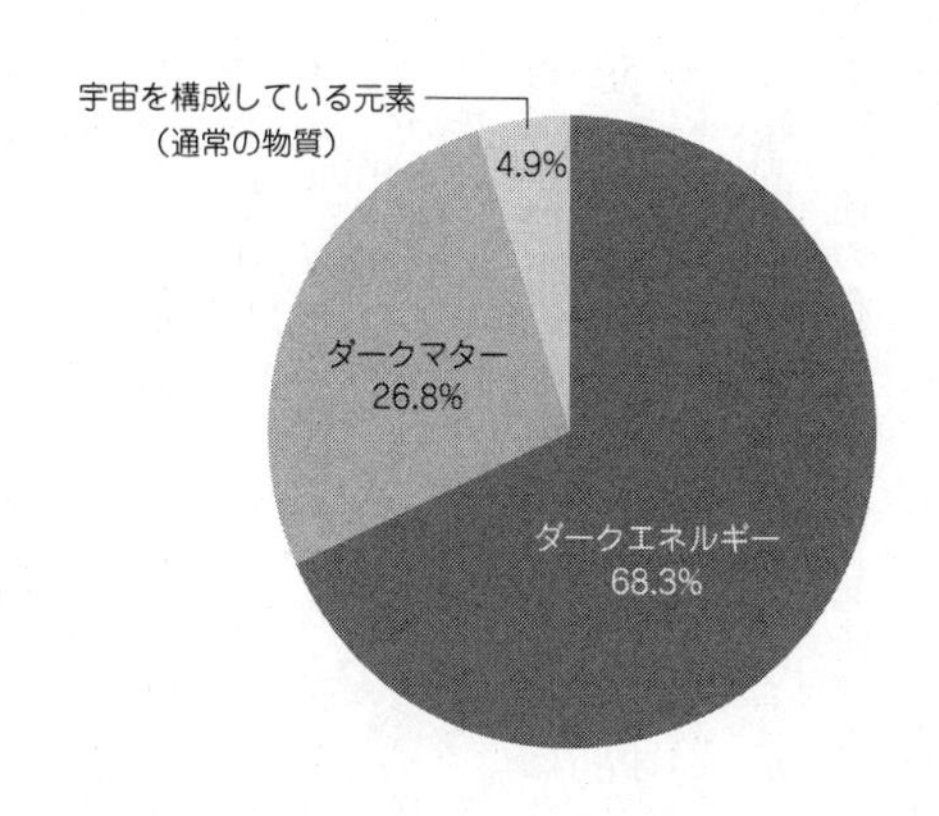

　一方、約二七パーセントを占めているダークマターとは、まだ、具体的には何なのかがわかっていない未知なるモノですが、元素同様にダークマターも重力の作用を受けることがわかっています。
　ダークマターの候補については諸説あり、さまざまな実験や観測がくり返されてきました。その結果、ダークマターは未知の素粒子ではないかと考えられていますが、まだ、その証拠はとらえられていません。
　ダークマターの存在については、一九六〇年代に予言されていました。今では、重力レンズという現象を用いて、電磁波ではとらえられないダークマターの宇宙での分布を探ることができます。重力レンズとは、約百年前に、アルベルト・アインシュタイン（一八七九〜一九五五）が一般相対性理論で予言した現象です。一般相対性理論を一言で言うなら、「宇宙の時間と空間は、重力によって支配されている」という考え方です。

アインシュタインは、太陽のような質量の大きな天体の重力によって、宇宙空間そのものがひずんでしまうこと、大きな天体の近くを通過する際、光の進路が曲がってしまうことを予言していました。まるでレンズを置いたときのように曲がることから、この現象は重力レンズと呼ばれるようになりました。

一九一九年、重力レンズの説は皆既日食の観測によって実証されました。イギリスの高名な天文学者、アーサー・エディントン（一八八二〜一九四四）を隊長とする日食観測隊が、アフリカとブラジルで皆既日食を観測し、日食がないとき（すなわち別の季節の夜間）に測定した日食背後の位置の星の光と、皆既日食のときに太陽の光が遮られて太陽の周囲の星々が見えたときに測定した星の光とが、わずかにずれていることを検出したのです。

この結果は、太陽の脇を恒星の光が通過する際に、太陽の重力によってわずかに星の光そのものが屈折したこと、つまり重力レンズの存在を証明しています。こうして、アインシュタインの一般相対性理論は科学界で事実として受け入れられると同時に、その後、アインシュタインの名声を不動のものとしていきました。

このように、重力レンズによってゆがんだ天体を見つけ、そのゆがみ具合から、ダークマターの量や広がりを測定することができます。

日本のすばる望遠鏡でも今、新しい広視野カメラによって、ダークマターの謎解きに迫ろうとしています。

宇宙は膨張している

宇宙では、百三十八億年前にビッグバンという現象が起こり、宇宙そのものが今でも膨張し続けています。この膨張させるエネルギーこそが、ダークエネルギーです。TMTでは、遠くの銀河の変化を十年以上のタイムスパンで観測・測定することで、宇宙の膨張の量的変化をとらえようとしています。

一方、一九九八年に興味深い事実が明らかになりました。宇宙の膨張が今、加速しているというのです。ビッグバンで誕生した宇宙は膨張し続けていますが、それまでは、次第に膨張が弱まって止まるか、逆に、その後収縮を始めるのではと予想されていました。

ところが、六十億年ほど前から宇宙膨張は加速に転じていることが観測から明らかになったのです。これは、遠くの銀河に出現する超新星を数多く調べることによってわかりました。超新星の出現数は、計算で予測することができます。また、超新星はとても明るいので、遠くの宇宙でも、地球からその超新星が出現した銀河までの距離を測ることができます。その結果、かつてのほうが今よりも宇宙が膨張する速さがゆっくりであることがわかりました。イメージとして、ラッパの口と同じような形で宇宙膨張が続いているのです。それ自体、とても衝撃的な事実でした。

ダークエネルギーとアインシュタイン

さらに、この発見はじつは、アインシュタインの宇宙方程式に大きく影響を与えることになりました。宇宙方程式は、重力の作用を厳密に表現するための公式です。重力の振る舞いは、三百五十年以上前に発見された、ニュートンの万有引力の法則で大まかには示すことが可能です。地球上の私たちの生活は、ほぼ万有引力の

◆アインシュタインの宇宙方程式

もともとのアインシュタインの方程式

$$G_{\mu v} = kT_{\mu v}$$

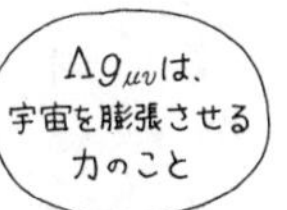
$\Lambda g_{\mu v}$は、
宇宙を膨張させる
力のこと

「宇宙項」を加えた方程式

$$G_{\mu v} + \underbrace{\Lambda g_{\mu v}}_{\text{宇宙項}} = kT_{\mu v}$$

宇宙項
＝
ダークエネルギー（斥力）

法則のみで説明できます。しかし、宇宙の始まりの頃や、ブラックホールなどとても強い重力源の近くでは、万有引力の法則を厳密化したアインシュタインの宇宙方程式を用いなければなりません。

時間と空間と重力の関係を整理した一般相対性理論に従って宇宙方程式を作ると、宇宙が膨張してしまうという結果が自然と導かれたのです。

しかし、これは彼にとっては大問題でした。

なぜなら、当時はアインシュタインだけではなく、誰もが「宇宙は神の領域＝永遠不変の存在」と考えていたからです。一般の人々はもちろん科学者もみな、宇宙は不変な存在であると信じていました。英語で宇宙を意味する言葉の一つ「COSMOS」は「調和のとれたもの」という意味で、カオス（混沌）の対義語です。「COSMOS」が永遠不変ではなく、膨張しているということは、アインシュタインにとっては科学の目というより心理的に受け入れにくいことでした。

そこで、アインシュタインは、宇宙は膨張しておらず、静止していることを証明する必要がありました。そこでどういう行動をとったかというと、確かな物理的根拠がないにもかかわらず、「宇宙項」と呼ばれる重力と反対の性質を持つ斥力（反発しあう力のこと）を、彼の宇宙方程式に組み込んだのです。

当時、ソ連に、アレクサンドル・フリードマンという数学者がいました。三十七歳の若さでこの世を去ったこの天才学者は、量子力学や相対性理論といった当時の最先端物理学をマスターし、得意の数学を用いて宇宙の構造を詳しく考察しました。彼は、アインシュタインの一般相対性理論を詳しく検証していく過程で、「宇宙は膨張しているか、収縮しているかのどちらかである」、つまり「静止していない」という結論にたどりつきました。

アレクサンドル・フリードマン
（一八八八〜一九二五）

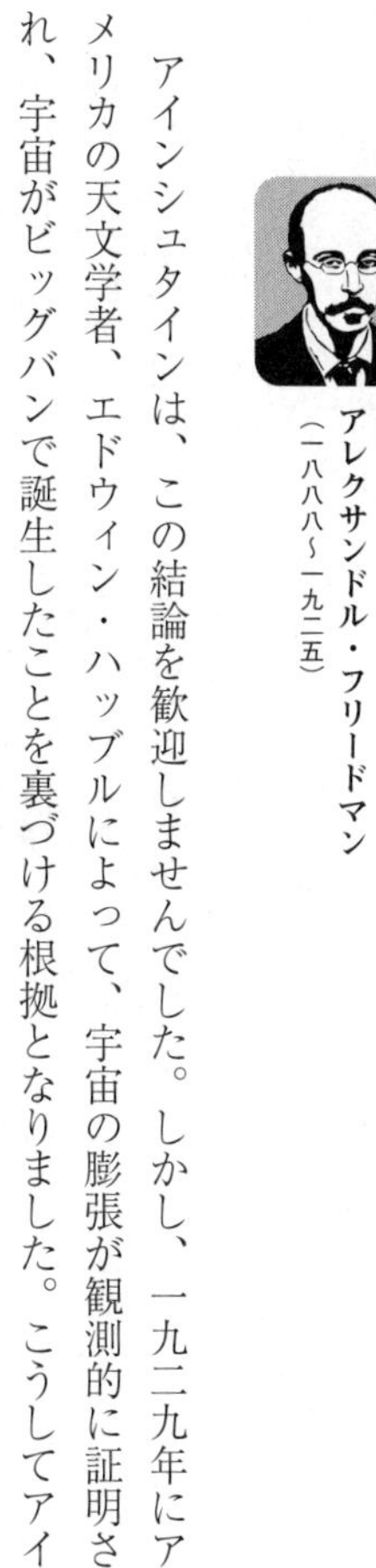

アインシュタインは、この結論を歓迎しませんでした。しかし、一九二九年にアメリカの天文学者、エドウィン・ハッブルによって、宇宙の膨張が観測的に証明され、宇宙がビッグバンで誕生したことを裏づける根拠となりました。こうしてアインシュタインは、宇宙項を取り下げざるを得なくなります。

ところが、それから七十年後。宇宙にはやはり重力のような引力とは逆の斥力が存在していることが示されたというわけです。その斥力は、ダークエネルギーと呼ばれるようになりました。ダークエネルギーが今、宇宙を加速膨張させています。その正体は残念ながら、現在の科学ではまったくわかっていません。

今、まさに宇宙論の研究現場は混沌としています。ミクロな素粒子を調べる物理学者たちもマクロな宇宙を実験場とする天文学者たちも、「なぜ？」をすっきり解決してくれる新しい理論の出現を待ち望んでいます。

銀河はどのようにできたのか

銀河には種類がある

私たちの体は、およそ六〇兆個もの細胞によってできています。一方、宇宙は銀河と呼ばれる星の大集団からできています。銀河の数は、およそ数千億個と見積もられていますが、正確な数はわかっていません。

また、細胞のようにお互いがくっついて存在している銀河はまれで、銀河群、銀河団、超銀河団といった集団を作りながらも、銀河同士はお互い離れて独立に存在していて、その合間を極めて希薄な水素ガスが占めています。

ヒトの細胞は骨や皮膚や内臓、神経など約二〇〇種類もありますが、銀河はその形態から、渦巻銀河と楕円銀河、そしてそのいずれにも分類しにくい不規則銀河の三つのタイプに大別されます。

渦巻銀河は、次頁の図のように中心部分のバルジ、円盤状の渦巻を形成するディ

◆天の川銀河の構造

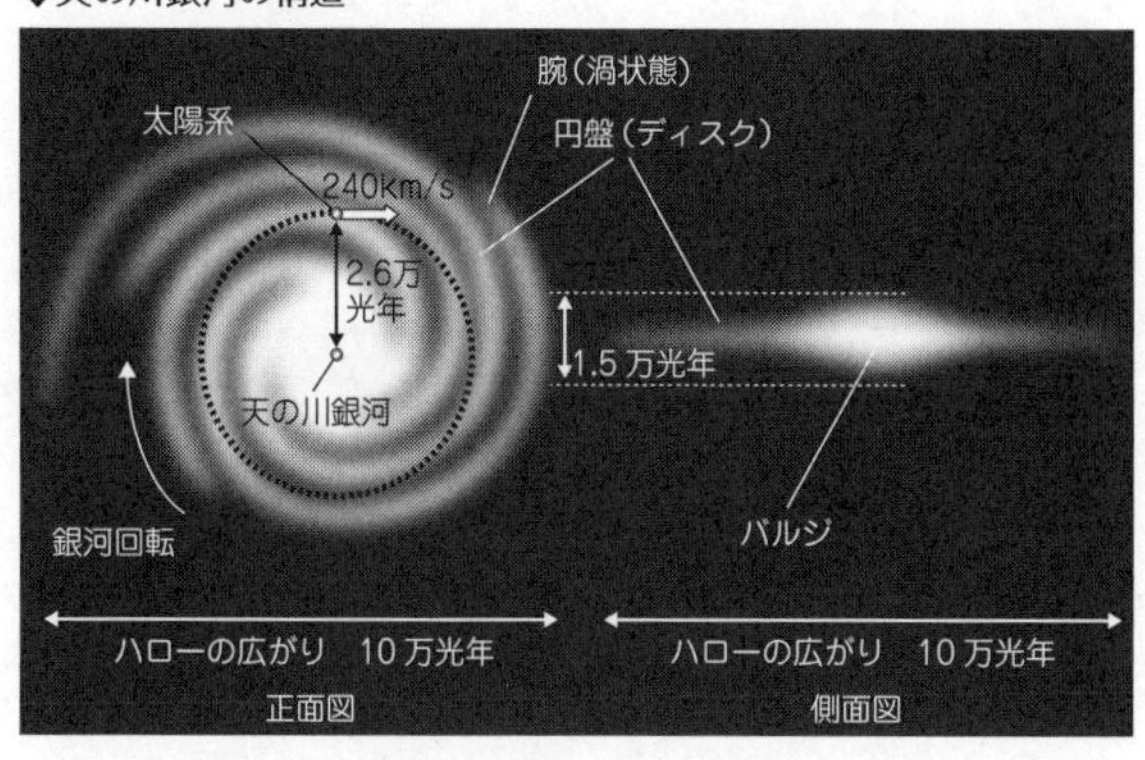

スク、そしてバルジとディスクを取り巻くハローで構成されています。

渦巻銀河は、上から見ると渦を巻いていて、横から見ると平べったく、まるでどら焼きのような形をしています。このような渦巻銀河の中に、私たちの住む銀河系＝天の川銀河も含まれています。

近年の研究によると、天の川銀河は直径が一〇万光年、太陽系はその中心から二・六万光年離れたオリオンアームと呼ばれる腕の上に存在していることがわかりました。さらに、天の川銀河のバルジは丸くなく、渦巻の芯となる棒状の形をしていることもわかりました。

最初にできた銀河

私たちは生まれて十数年の間に、一つの受精卵から六〇兆もの細胞に分裂し、常に新陳代謝をくり返しています。一方、宇宙が誕生して百三十八億年になりますが、銀河の数は数千億個程度ですから、宇宙に比べて私たちのほうが成長は早いといえそうです。ただし、そのサイズは比べものになりませんね。

また、宇宙の最初に一つの銀河があり、それが分裂をくり返して数千億個の銀河になったわけではありません。しかし、初期宇宙でどのように銀河が形成されたのかはいまだによくわかっていません。

現在、わかっている最も遠くの銀河は、ハッブル宇宙望遠鏡で見つかったGN-z11と呼ばれる銀河で、地球からの距離はケック望遠鏡による観測から一三四億光年と見積もられています。宇宙の年齢は百三十八億歳なので、誕生から四億年後には銀河がすでに形成されていたことがわかります。

最も遠い銀河とは、最も初期にできた銀河ということです。一番初めの銀河を求めて、国立天文台のすばる望遠鏡をはじめ、各国の大型望遠鏡が鎬(しのぎ)を削っています。

そのおかげか、毎年のように、記録が更新されているので、さらに初期の銀河が将来見つかるかもしれません。天文学者が最も遠い銀河を探すのは、そもそもどのように恒星が誕生したのかを解明するカギになると考えているからです。

それはまさしく宇宙の一番星とも呼べる天体ですが、水素原子のみで光を放っていない漆黒の宇宙の中で、いつどのように星が光り出したのか、興味津々です。星は、その後次々と宇宙で光を放つようになり、やがて銀河が形成されていったものと考えられています。

銀河はどのように散らばった?

現在の銀河の分布を見てみましょう。次頁の図では、一つひとつの点が距離と位置を正確に測定された銀河を示しています。宇宙の中で銀河の分布はとても偏っており、特徴的な銀河分布は、宇宙の大規模構造、または泡構造と呼ばれています。どうしてこのようなムラが生じるのか。それは、宇宙を支配しているのは重力であることの表れです。

宇宙は銀河でできているとお話ししましたが、それはあくまでも見かけ上のお話

◆銀河のムラ

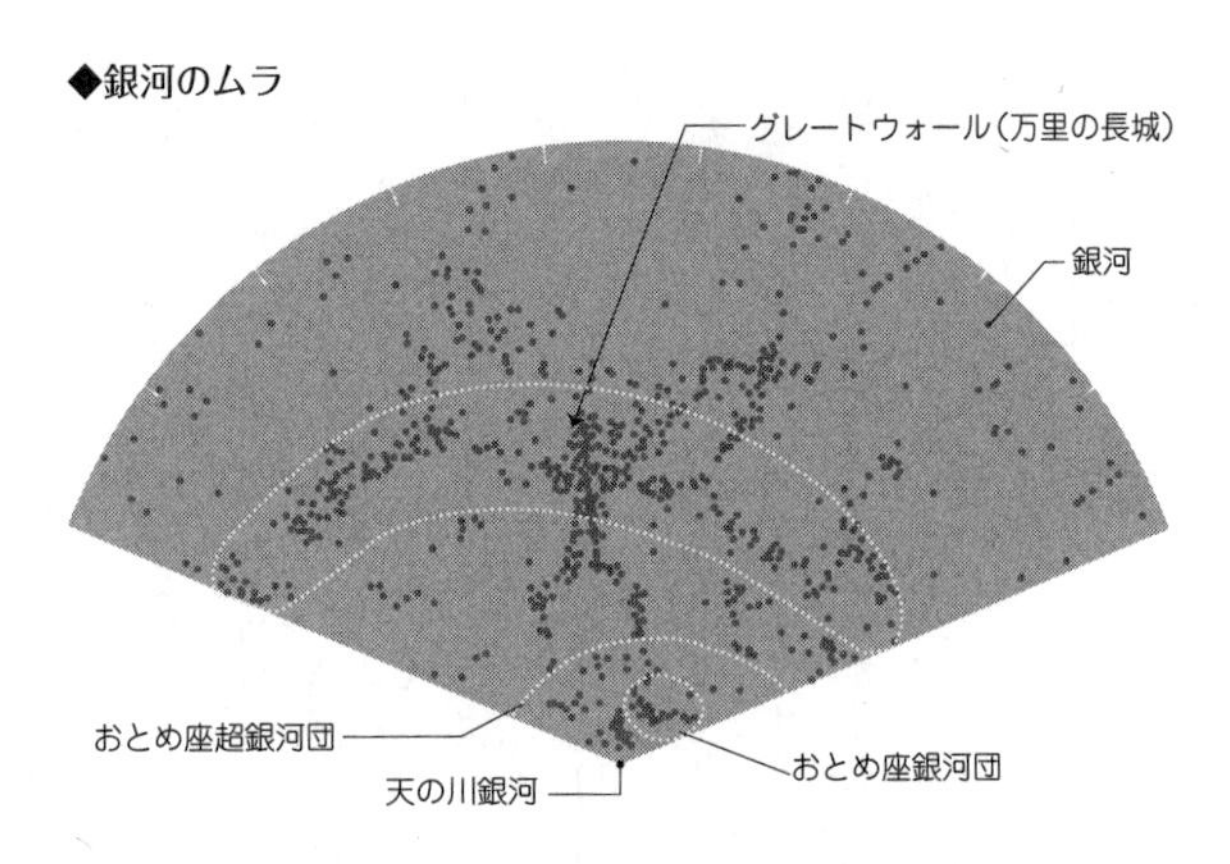

です。宇宙には、目で見えている銀河の数倍も存在しています。ダークマターとは、正体不明の重力源。重力＝引力ですから、周りのものを集めよう集めようとします。

宇宙の初期においても、ダークマターの活躍で、宇宙のあちらこちらで水素原子が引き寄せられ、より早く大きな塊を形成し、そこで順次、星が形成され、初期の小さな銀河が形成されていったと考えられます。

その後、銀河同士も引き寄せられ、最初は均等に近かった銀河の分布が、次第に群れて銀河群（数十個以下の銀河集団）、銀河団（一〇〇〇万光年以内の範囲に数千個程度の銀河）、超銀河団（複数の銀河団の集まりで大きさは数億光年サイズ）という階層を作り、現在のムラのある宇宙での銀河分布となったようです。

私たちの住む太陽系は、天の川銀河に含まれています。天の川銀河は、その周囲に大マゼラン雲、小マゼラン雲のような小規模の銀河を引き連れ、アンドロメダ銀河（M31）やさんかく座の渦巻銀河（M33）等とともに、局部銀河群と呼ばれる数十個の銀河群を形成しています。局部銀河群があるのは、おとめ座銀河団からはずれたところであり、おとめ座超銀河団の一員でもあります。図の中央付近に左右に連なる銀河の集団は、グレートウォール（万里の長城）と呼ばれています。

宇宙の大規模構造は、ダークエネルギーの力によって、次第にお互いの距離が離れて膨張を続けています。

惑星からはずれてしまった星

プルートとディズニー

かつて、太陽系の惑星を「水金地火木土天海冥」と暗記した人も多いことでしょう。冥王星は一九三〇年に、米国アリゾナ州にあるローウェル天文台の技師クライド・トンボー（一九〇六～一九九七）が発見した天体で、二〇〇六年までは第九惑星として、惑星に分類されていました。

冥王星の直径は二三七七キロメートル。月よりも小さく、地球の二割程度の直径の小型の氷の天体です。表面温度はマイナス二二〇～二三〇度と、太陽系の遙か遠方に位置する極寒の星で、太陽の周りを二百四十八年もかけて公転しています。地球が太陽を一〇〇〇周する間に、わずか四周しかしない遅さです。

冥王星はとても暗く、動きもゆっくりなので、地球からは注意深く観測しないと見つけることができません。トンボーは天空のある箇所を撮影した後、一週間後にまったく同じ箇所を撮影しました。そして二枚の天体写真を見比べることで、わずかに星座の星々の間を移動している微かな点を発見したのです。それが、遠く太陽系のかなたを回る未知の惑星でした。

冥王星は英語でプルートと呼ばれ、冥界の神様（ハデス）のことです。イギリスの十一歳の少女が発案した名前が採用されました。ウォルト・ディズニーが、ミッキーマウスの愛犬役のキャラクターを「プルート」と名づけたのは、この一九三〇年に発見されたばかりの冥王星にちなんでのことです。

十八世紀に天王星を見つけたのがイギリス人、十九世紀に海王星の発見に寄与したのがフランス人とイギリス人とドイツ人だったので、二十世紀に第九惑星として米国人が見つけた冥王星は、多くの米国人にとっての誇りでもありました。

惑星の定義とは

ところが、二〇〇六年八月、チェコのプラハで開催された国際天文学連合（ＩＡＵ）の総会において、参加した天文学者全員による投票で、それまで太陽系の第九惑星として親しまれていた冥王星を惑星と呼ばないことが決定しました。

なぜ、冥王星は惑星ではなくなったのでしょうか？

冥王星そのものがなくなったわけでも、変化したわけでもありません。それまで曖昧だった惑星の定義が、ＩＡＵ総会で初めてなされたのです。

その定義によると、惑星とは、
(1) 恒星（太陽）の周りを公転していること
(2) 自己重力の影響でほぼ丸い形状をしていること（一定の重さ以上であること）
(3) その軌道上に衛星を除いて他に天体がないこと
の、三つの条件がすべて当てはまる天体と定まりました。

冥王星の周りには、二〇〇三年に発見されたエリスの他、ハウメア、マケマケなどを含む太陽系外縁天体がいくつも存在しており、(3)の条件を満たしません。(1)と(2)は満たし、(3)を満たさない天体は「準惑星」と呼ぶことになりました。この惑星定義によって、太陽系の場合では、水星から海王星までが「惑星」で、それより外側にある天体のうち、冥王星のような丸い天体たちは、別名「冥王星型天体」とも呼ばれるようになりました。

◆太陽系の惑星と準惑星

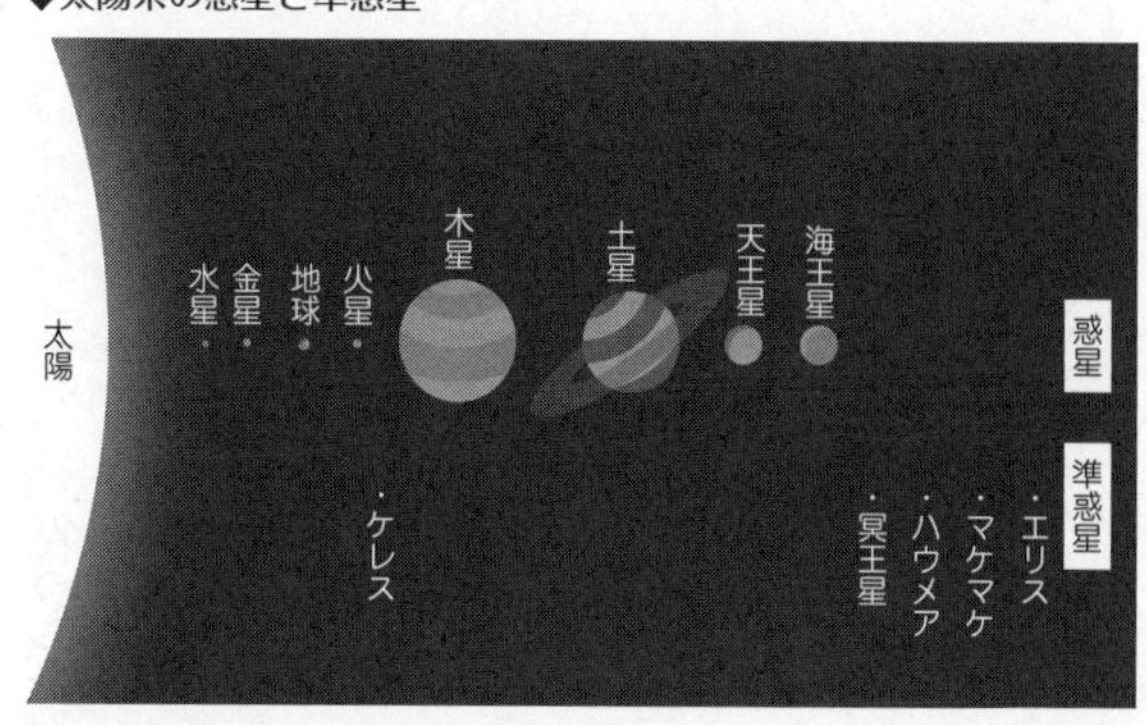

現在、冥王星型天体（太陽系外縁にある準惑星）と分類されているのは、冥王星とさらに外側に位置するハウメア、マケマケ、エリスの四つのみですが、今後増えていくことは間違いないでしょう。

海王星の外側に位置する、太陽系の果てのオールトの雲までの間には、太陽系外縁天体が存在する領域がほぼ円盤状に広がっていると考えられています。この領域を提唱者二名の名前をとって「エッジワース・カイパーベルト」、または「カイパーベルト」と呼んでいます（一三一頁）。この領域には、すでに二五〇〇個を超える太陽系外縁天体が見つかっています。

ニューホライズンズが写した冥王星

アメリカ人の中には、今でも冥王星は惑星であると主張している人たちもいます。二〇〇六年に行われたIAU総会、すなわち冥王星が惑星ではなくなるわずか七カ月前に、米国の科学者たちは探査機「ニューホライズンズ」を冥王星に向けて打ち上げていました。この探査機には、トンボーの遺灰も積まれています。

ニューホライズンズは九年半の長旅を終え、二〇一五年七月十四日に冥王星に最接近しました。冥王星へのニューホライズンズの接近も、特に米国では話題になりました。ニューホライズンズには、二つのカメラを含む七つの測定機器が搭載されていて、重さは五〇〇キログラム弱。今回のミッションの総経費は約七億ドル（約七七〇億円）です。

送られてきた画像を見て驚いたことは、冥王星の表面が予想していたようなクレーターだらけの月のような古い地形ではなく、ごく最近にできたと思われる平らな地形や氷河のような地形、地球の海岸線のような地形など、まるで地球の表面のように変化に富んでいることです。富士山を超える高さ三五〇〇メートルの山も見つかりました。なぜ、冥王星の表面がこのように近年形成されたと思われる変化の激しい地表なのかはよくわかっていません。

ニューホライズンズとは「新しい地平線」という意味の複数形。探査機名には、冥王星を詳しく調査した後、他の太陽系外縁天体も観測したいという思いが込められていました。

ニューホライズンズは、エッジワース・カイパーベルトに位置する太陽系外縁天体「2014 MU_{69}」の近くを二〇一九年一月一日に通過し、この天体が、直径三一キロメートルほどの雪だるまのような形であることを明らかにしました。2014 MU_{69}はその後ＩＡＵによって、アロコスと命名されました。

ニューホライズンズは、その後パイオニア10号、11号やボイジャー1号、2号と同様に、太陽系を脱出する軌道を描き、遠い宇宙に旅立っていきます。

天体望遠鏡を最初に使ったのはガリレオではない!?

無名の天文学者がいた

天体望遠鏡を最初に使ったのは、誰でしょう?

多くの書物には、イタリアの大科学者ガリレオ・ガリレイの名前が記されています。今からおよそ四百年前の一六〇九年十一月三十日、ガリレオ・ガリレイが手作りの望遠鏡で月を観察したことが、記録に残っています。

この記録によって、長い間、ガリレオこそが天体望遠鏡を一番初めに使った人物と信じられてきたわけですが、じつはもっと前に、望遠鏡を使った記録が残されていました。英国の無名の天文学者トーマス・ハリオットが、一六〇九年七月二十六日に天体望遠鏡を月に向け、スケッチをとったことが明らかになったのです。

ハリオットは、彼にとってはとても残念なことですが、天体望遠鏡での観察記録を含め、その研究の多くを書き残していません。筆不精だったのかもしれませんね。一方、ガリレオの偉大なところは、観察力・洞察力の凄さ、高度なもの作りの技術に加えて、その多くを書き残したことです。

また、ガリレオは、当時の学者の常識であったラテン語で書物を記すのではなく、多くの書物を市民でも読めるようにイタリア語で記しています。彼が世界で最初のサインエス・コミュニケーターと称される所以(ゆえん)です。

トーマス・ハリオット
(一五六〇頃〜一六二一)

二人による月のスケッチ

二〇一三年の秋、コペルニクスが活躍した街、ポーランドのワルシャワを訪ねた際、ワルシャワ大学の周辺にある古本屋で、私はある書物に巡り合いました。ポーランドで一九七八年に出版された『STUDIA COPERNICANA XVI』という学術書で、その中の論文の一つに、一六〇九年に描かれたハリオットの月のスケッチが

◆ハリオットの月とガリレオの月

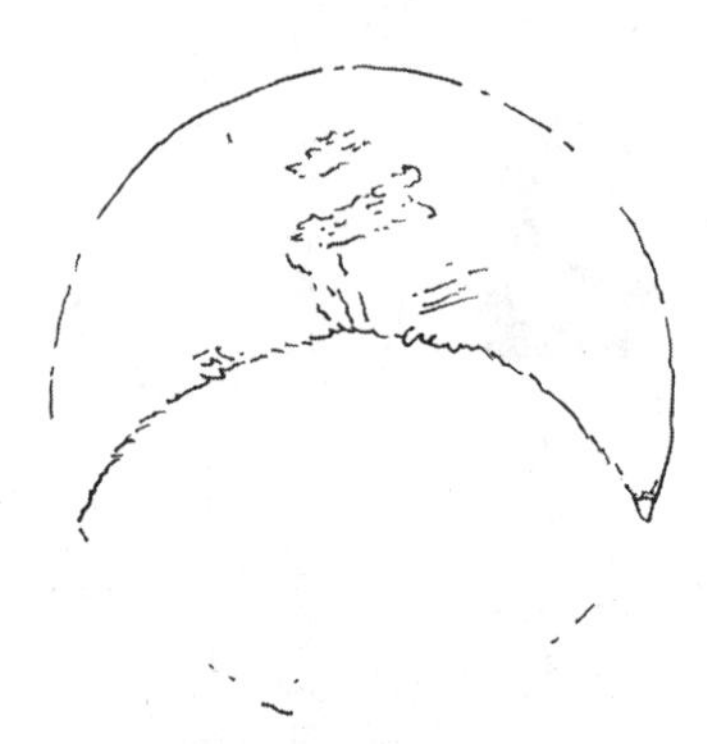

ハリオットのスケッチ

ガリレオのスケッチ

載っていたのです。

ガリレオのスケッチと比較してみると、なるほど天体望遠鏡の性能やスケッチ力に差があるようにも感じられますが、歴史的な事実として紹介しておきます。

ガリレオの功績

天体望遠鏡利用の先駆者として、ガリレオの名前のみが後世に広く語り継がれたのはどうしてなのか、思い当たる理由はいくつもあります。

ガリレオは、パドヴァ大学教授であった一六〇八年に、オランダで望遠鏡が製作されたと聞くと、即座に自分でも望遠鏡を製作し、一六〇九年には天体観測を始めています。

彼が本格的に天体観測を行ったのは一六〇九年の末からで、月の観察記録は一六〇九年十一月三十日に始まっています。そして、ガリレオが著書『星界の報告』やその後の観測で明らかにしたおもな観測事実には、次のようなものがあります。

(1)　月面には凹凸があり、月の表面の特徴の他、肉眼で見える恒星以外にも無数の恒星が存在すること

(2)　木星にはその周りを回転している四つの星（彼は惑星と表現しましたが、じつは衛星の発見。今ではこの四つの衛星はガリレオ衛星と呼ばれています）があること

(3)　金星が月のように満ち欠けし、さらにその直径が変化すること

その他、天の川が無数の恒星の集まりであること、黒点は太陽表面の現象であることなども、ガリレオによる発見です。

偉大な天文学者

ガリレオは、対物レンズに凸レンズ、接眼レンズに凹レンズを用いた「ガリレオ式望遠鏡」と呼ばれる光学系の望遠鏡を製作しました。ガリレオが生涯に製作した望遠鏡は、一〇〇台近いとも聞きます。ガリレオの光学系望遠鏡は、焦点距離が長いのが特徴で、現在では天体観測用として用いられることはありません。

通常は、同時期にドイツの天文学者ヨハネス・ケプラー（一五七一～一六三〇）が考案した、対物レンズに凸レンズ、接眼レンズにも凸レンズを用いた「ケプラー式望遠鏡」が用いられています。この方式だと、明るい光学系望遠鏡を作ることが

可能だからです。

ガリレオの数多くの望遠鏡のうち、現存するのはイタリアのフィレンツェにある「ガリレオ博物館」所蔵の二本で、その一つは『星界の報告』に記載されたさまざまな発見に用いられたものです。直径が五一ミリメートルのレンズ、焦点距離一三三〇ミリメートル、倍率一四倍のものでした。

実際に、復元されたガリレオの望遠鏡で月を観察してみて驚きました。というのは、視野がとても狭く暗かったからです。『星界の報告』に残された月全体のスケッチは、望遠鏡からのぞき見ることができる視野を少しずつ動かしながら、時間をかけて丹念に描かれたものだったのです。

『星界の報告』を読み返してみると、改めてガリレオの凄さに驚かされます。現在、第一線で活躍するプロの天文学者たちと比較してみても、これほど深い洞察力に満ちた天文学者にはなかなかお目にかかれないでしょう。

重力波で宇宙誕生のひみつに迫る

重力波観測の驚き

今から十三億年前、遠い遠い宇宙で二つのブラックホールが合体し、そのときに膨大なエネルギーが生まれました。このエネルギーは、重力の波となって二〇一五年九月十四日に地上に届きました。

ブラックホールが生まれたり、ブラックホール同士が合体したりするときには大きなエネルギーが発生し、重力波が放出されることは、かねてから予測されていました。この他にも、たとえば宇宙の誕生の瞬間、重い恒星の最期「超新星爆発」の瞬間、中性子星同士の合体など、重力が激変するような特別な出来事が起こると、それは宇宙空間そのものをゆがませてしまいます。

空間のゆがみは、まるで地下を伝わる地震波のように宇宙空間を伝わります。これが「重力波」です。重力波の存在は、アインシュタインが一九一六年に一般相対

◆重力波が発生するしくみ

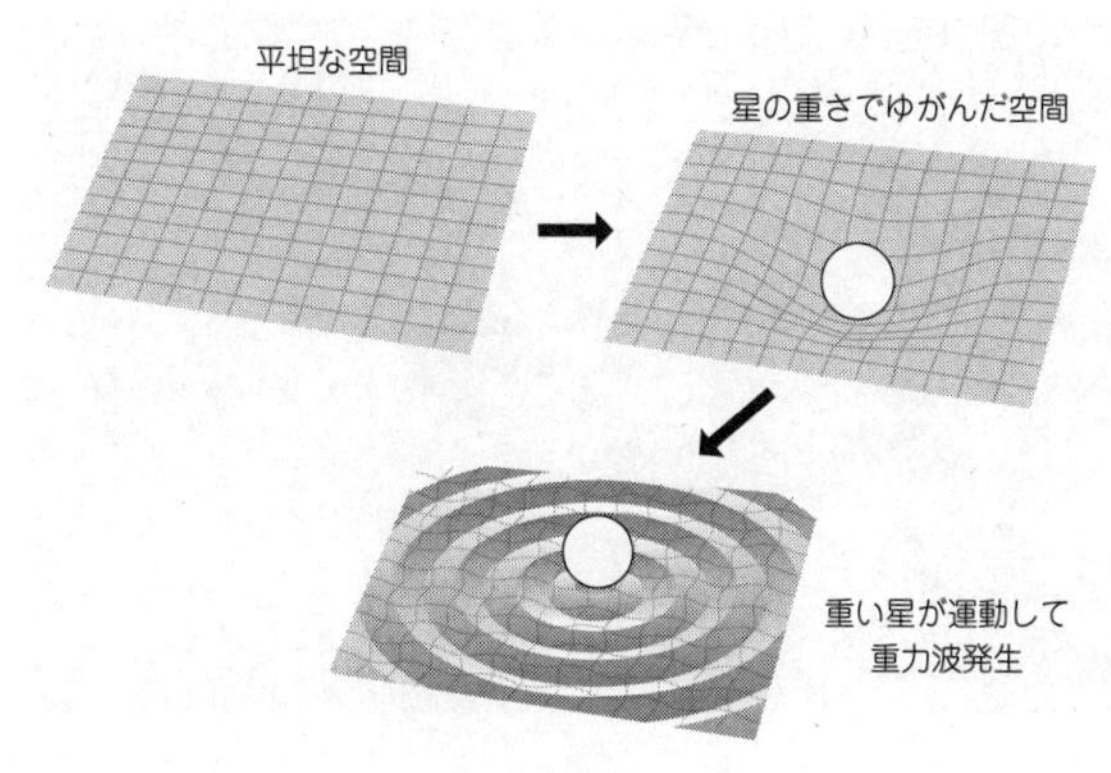

性理論によって予言していました。じつは、みなさんが腕をぐるぐる回しても重力波が発生しますが、重力波の振幅があまりに小さいので検出できません。

アインシュタインの予言から百年後の二〇一五年、ようやく人類は重力波を直接とらえることに成功したのです。重力波を観測した米国の重力波望遠鏡「ＬＩＧＯ（ライゴ）」に関わる研究者は、ざっと一〇〇〇人以上にのぼります。重力波を検出してから五カ月にわたって綿密なデータの確認や再計算が行われ、二〇一六年二月に発表されました。世界中の人々が驚き、日本の新聞も各紙一面トップでの扱いでした。

◆KAGRA施設

宇宙はどうやって誕生したか

重力波は、とてもわずかな空間のひずみです。重力波が宇宙空間を伝わってくる際に、たとえば南北方向と東西方向のように直交する方向で空間の長さが微妙に変わることから、その差を測って検出します。

そのためには、人やトラックなどの人工的な振動や、自然界における地面の伸び縮みを避けて、とても長い距離を使って空間の伸び縮みを正確に測る必要があります。

重力波が地球に到達すると、その時空のゆがみの影響を受けて、測定している二点間の距離が変化します。どのくらいの変化量かというと、たとえばブラックホールが合体するときで、太陽と地球間ほどの距離（一天文単位＝約一億五〇〇〇万キロメートル）を測って水素原子一個分の長さの違いを検出するくらいのわずかなものです。水素原子一個は幅〇・〇〇〇〇〇〇〇〇〇一メートルですから、いかに精密な測定をしているかが想像できるかと思います。

大型低温重力波望遠鏡「ＫＡＧＲＡ（かぐら）」は二〇一五年、東京大学宇宙線研究所が中心になって、高エネルギー加速器研究機構や国立天文台と協力し、スーパーカミオカンデの近くに建設されました。三キロメートルずつのＬ字型のトンネルの中に真空の管を通し、Ｌ字の中心から測位用のレーザー光線を三キロメートル端まで同時に飛ばします。そこから反射して戻ってくる光を何回も往復させた後、到着時間のずれから重力波を検出するしくみです。

ＫＡＧＲＡは調整の後、二〇二〇年二月に試験運用を実施。感知能力はＬＩＧＯやヨーロッパの重力望遠鏡Ｖｉｒｇｏ（バーゴ）よりも高く、二〇二二年秋以降の合同観測では、ブラックホールの合体は一週間に一回程度、検出できると期待されています。また、中性子星同士の合体は、さらに多く検出できると期待されています。

重力波を放出するのは、中性子星やブラックホールの合体の瞬間のみではありません。百三十八億年前に宇宙が誕生する際、理論的にインフレーションという現象が起こったとされています。しかし、まだ観測的な証拠は見つかっていません。

インフレーションのときにも、巨大な重力波が発生したはずです。一三八億光年と距離が遠いところの現象のため、高感度の観測が必要ですが、もしもこのときの重力波が検出されたなら、ヒッグス粒子の発見に匹敵するような快挙となります。

インフレーション理論の提唱者の一人は、日本の天文学者である佐藤勝彦博士です。インフレーションが観測によって確認されると、佐藤博士がノーベル物理学賞を受賞することは間違いありません。

重力波の測り方

LIGOやKAGRAといった現在の重力波望遠鏡は、レーザー干渉計を用いた距離の変化を測る精密測定装置です。レーザー干渉計とは、まずは一つのレーザー光源からの光を直行する二つの光に分け、遠くに置いた鏡で反射することで、戻ってきた光の到達時間を一〇のマイナス一九乗メートルという精度で測ることができます。

前述したように、重力波が到達すると空間がゆがむため、測定地点に置いた検出

◆重力波の観測

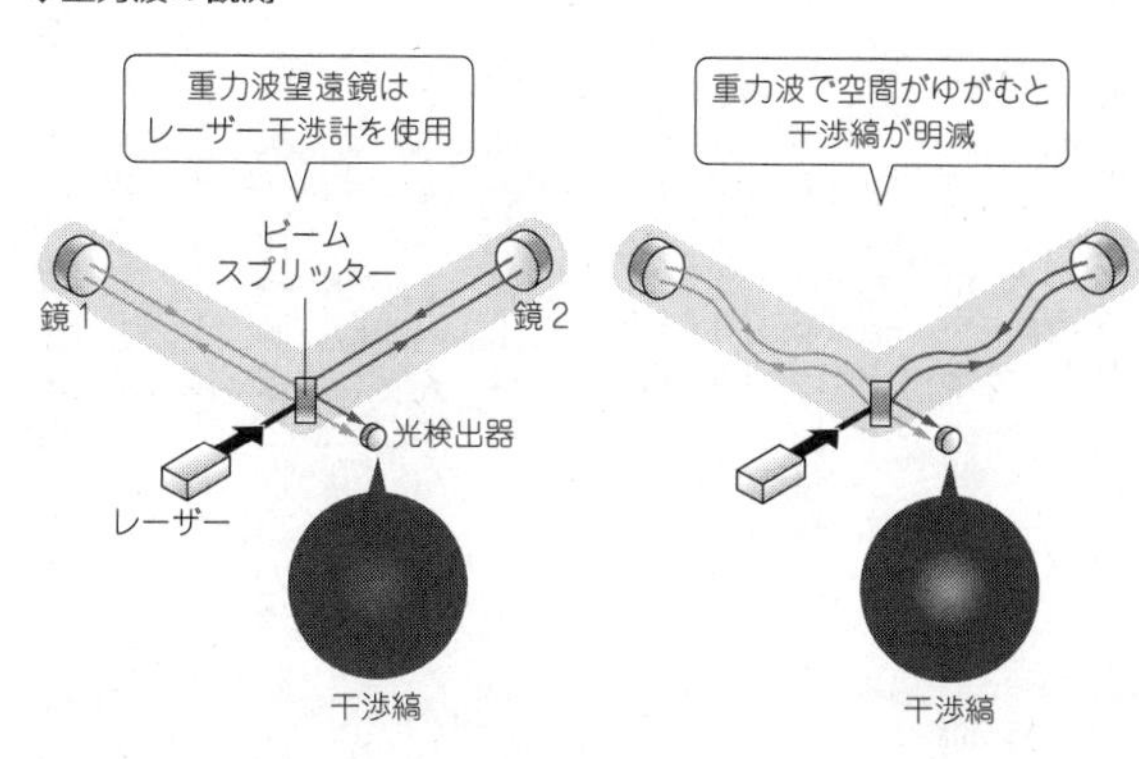

器で変化が生じます。このわずかな時間のずれを測る装置が干渉計で、干渉の縞（しま）の変化でわずかな時間差を見分けることができるミラクルツールなのです。

ブラックホールからのシグナル

すべてのものをのみ込んでしまうブラックホール。光さえ、その例外ではありません。

二〇一五年に確認された重力波は、地球から一三億光年も離れた場所で発生したようです。そこでは、太陽の重さの二九倍と三六倍という、とても重いブラックホール同士が合体し、太陽の六〇倍以上の重さの新しいブラックホールができたと考えられます。

合体の瞬間、〇・一秒程度の間に、太陽三

つ分ほどの水素を爆発させたような莫大なエネルギーがブラックホールから放出され、重力波を発生させました。こうして人類は初めて、ブラックホールそのものからのシグナルを手に入れたのです。

重力波の初観測は、物語の終わりではなくて始まり、重力波天文学の誕生を意味しています。ただし、観測に成功したＬＩＧＯのみでは、重力波の発生源を特定することはできません。ヨーロッパのＶｉｒｇｏと日本のＫＡＧＲＡという新しい重力波望遠鏡がＬＩＧＯと協力することで、ようやく発生源を特定することができるのです。

ＫＡＧＲＡのプロジェクトリーダーは、東京大学宇宙線研究所の梶田隆章所長です。梶田教授は、岐阜県飛驒市神岡鉱山の地下にあるスーパーカミオカンデによって、ニュートリノに質量があることを明らかにし、二〇一五年にノーベル物理学賞を受賞しています。

これまで、世界中の研究者が、誰よりも早く重力波を検出しようと試みてきました。たとえば、国立天文台三鷹キャンパスの構内には、ＴＡＭＡ３００と呼ばれる重力波検出器（重力波望遠鏡）があります。

こうしている間にも
宇宙から重力波が
おしよせているんだ

星座はいつ、どこで作られた？

最古の学問・天文学

天文学は、すべての学問の始まりといわれています。五千年前、メソポタミア地方で作られた石器や壁画には、すでにしし座やかに座などの星座が描かれていました。時を同じくして、エジプトや中国など世界各国で、文明の発祥とともに星座が作られたといわれています。

当時の人類はほとんどが狩猟民族か放牧民族ですので、季節にあわせて生活拠点を移動する必要があります。つまり、旅が日常の生活でした。このため、昼間は太陽を用いて、夜は星座を手掛かりに、方位や地球上の緯度・経度を知る必要がありました。北極星を覚えれば北の方位を知ることができるので、そのために北極星を示す北の星座の並びを子どもの頃から覚えたことでしょう。

また、農耕文化が始まると、いつ種をまくのか、いつ刈り取るのかという年間の暦が不可欠になりました。さらに、交易が始まると、相手といつ、どこで会うかを決めなければなりません。自分のいる場所の方位、季節、時刻を教えてくれる夜空の星座は、なくてはならない存在となっていきました。

現在、学術的には世界中で統一された八八個の星座が使われていますが、原型は、メソポタミアやエジプト、そして古代ギリシャ時代にありました。

たとえば、二世紀に古代ローマの天文学者、プトレマイオス（九〇頃～一六八頃、英語名はトレミー）が天動説の体系をまとめ、トレミーの四八星座を定めました。しし座、かに座、さそり座といった黄道一二星座、オリオン座やおおぐま座など、今もなじみの深い星座たちがほとんど含まれています。

その後、十五世紀の大航海時代になると、それまで知らなかった南半球の星空をヨーロッパ人たちが知ることになり、そこで初めて、南天の星座が新たにつけ加えられていきました。たとえば、ぼうえんきょう座やけんびきょう座のような道具を天空に当てはめた星座、きょしちょう座やふうちょう座のような珍しい鳥、かじき座やとびうお座のような魚など、南天には多様な星座が加わりました。

世界各地の星座

現在の八八星座は、星座領域の重複などの混乱を解消するため、一九三〇年、国際天文学連合（IAU）によって確定されました。このとき、星座と星座の境界線も明確に決められて、星座の総数は八八と定まりました。つまり、全天は星座によって、大小さまざまに区画分けされているのです。

八八の学術的な星座名とは別に、世界中の国や地域で古くから呼ばれている地域固有の星座が数多くあります。たとえば、おおぐま座と北斗七星の関係のように。

星座や星の名前が地域や民族ごとに異なるのは、各国の言葉がそれぞれ違うのと同様に、それだけ星座が日常生活になくてはならない存在であった証です。古代ギリシャ人や北米インディアンは北斗七星の並びを見て、大きな熊の腰から尾にかけての形をイメージし、周囲の星々を含めて巨大な熊の形を北空に作り上げました。

一方、同じ北斗七星の並びに、中国の一部の民族は高貴な人々が乗る台車をイメージしました。日本人は、大きなひしゃくをイメージしたのです。地域によっては、七匹の子豚をイメージするところもあるそうです。

カシオペヤ座は、北斗七星と並んで北天で目立つ星の並びです。日本では、カシ

◆日本固有の星座名

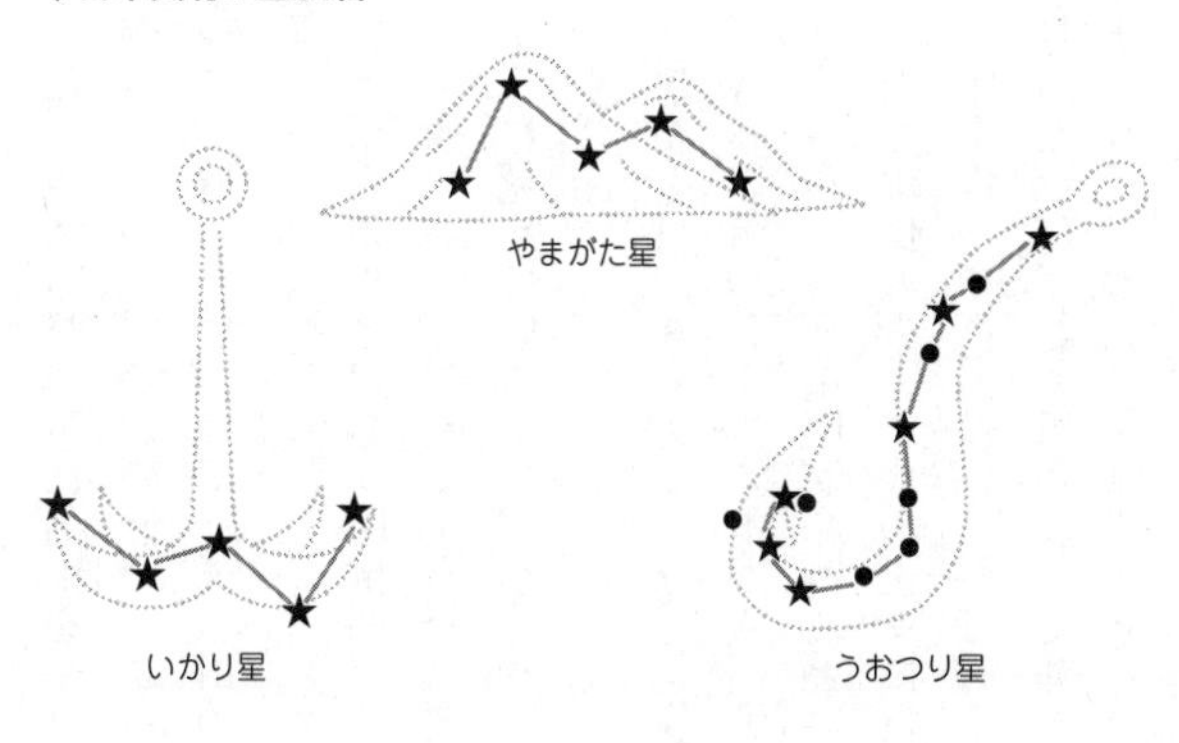

オペヤ座を日本固有の呼び名としてやまがた星、またはいかり星と呼んで親しんできました。Wの形をいすに座った古代エチオピヤ王妃、カシオペヤの姿に見立ててそう呼ばれていますが、単純に二つの山の形、または海に沈めるいかりの先端のようにも見えますよね。

また、日本ではさそり座をうおつり星と呼ぶ地域も多く見られます。さそり座は大きくS字型をした星座なので、魚を釣りあげる釣り針のような形をしているからです。

海外の例として興味深いのは、南米インカ文明での星座です。あまりにも星が多すぎて、星々を線で結ぶことができなかったインカの人々は、星ではなく、天の川の中にところどころ見える暗黒帯に名前をつけていたそうです。インカの地域は標高が高く空気が澄んでいて、海抜の低いところで見るよりも星がたくさん見えます。また、南半球に位置しているので、天の川の中心にあるいて座やさそり座が、天高く真上を通過していきます。

天の川の輝きと迫力が圧倒的だったことから、インカの人々にとっては、周囲の星々を線で結んで覚えるような必要もなかったのでしょう。天の川がどの方角にどのように見えているかで、季節や時刻、方位や自分のいる緯度・経度を認識できたのです。

暗黒帯とは、塵やガスが多いために、背後にある星が隠れている場所のことです。各暗黒帯のシルエットから、大ラマ座、小ラマ座、おおかみ座、へび座、またはうずら座という星座があったという伝承が残っています。

私たち現代人も、古代の人々に負けないよう想像の翼を広げて、自分や仲間だけの星座を作ってみてはいかがでしょう？　私自身、たとえばおおぐま座、こぐま座を見るたびに、しっぽが長くて熊をイメージすることが難しいため、勝手に大きなお母さんゾウと子どものゾウを天空に当てはめ、おかあさんゾウ座、ちびゾウ座とひそかに読んでいたりします。

星座表の記号のはなし

詳細な星座表を見ていると、星座名の横に、見慣れない記号が並んでいることがあります。たとえば、α(アルファ)、β(ベータ)、γ(ガンマ)、δ(デルタ)といった記号です。これらはギリシャ文字と呼ばれる文字列です。

八八星座においては、星座内で基本として明るい星からα、β、γと順に番号が振られています。ベテルギウスの場合は、「α Ori」と星図や星座表に記載されています。これは、「オリオン座のアルファ星」という意味で、Oriという表し方を星座の略符といいます。

星座名の最初の三字で、八八個の星座すべてが記号化されています。また、明るい星や特徴があって目立つ星には、シリウス、カペラ、アルゴルといったように固有名が用いられています。

ブラックホールに重さがある⁉

ブラックホールの正体

ブラックホールというと、みなさんはどんなイメージを持つでしょう？　天空に空いた巨大な穴のイメージでしょうか？　異次元につながる謎のトンネルのイメージでしょうか？　天文や宇宙に関する講演を行うとき、最もよく聞かれる質問は、「ブラックホールって何ですか？」です（ちなみに、私の講演会でいえば、その次が「宇宙には果てがあるのですか？」であり、「宇宙人っているんですか？」です）。

ブラックホールは、決して空想やSFの世界の話ではありません。実際にその存在が確認されている、れっきとした天体の一種です。巨大な恒星の最期のとき、自分の重力を支えきれなくなって突如その中心にできる時空の穴、それがブラックホールの正体です。

ブラックホールについて理解するために、ちょっと想像してみてください。

今、地球上で遠くに向かってボールを投げたとしましょう。力一杯投げると、そのぶん、ボールは遠くまで届きます。もし、キングコングかウルトラマンのような力持ちが、力一杯ボールを投げたなら、ボールは地面に落ちず、地球を回り出すかもしれません。このときの速さは約七・九キロメートル毎秒です。これを「第一宇宙速度」といいます。地球を回る人工衛星を打ち上げるときに必要な速さです。

ボールをさらに力一杯送り出すと、今度は地球の重力圏を離れ、太陽の周りを回り出します。このスピードが約一一・二キロメートル毎秒で、「第二宇宙速度」といいます。第二宇宙速度とは、はやぶさ2やあかつきなど、太陽系を旅する探査機を打ち上げるときに必要な速さです。

なお、ボールが太陽系を飛び出すには約一六・七キロメートル毎秒の速度が必要で、これは「第三宇宙速度」と呼ばれます。第三宇宙速度とは、ニューホライズンズやボイジャーなどの探査機が太陽系を飛び出すのに必要な速度ですが、実際には、この速度を打ち上げ時に得ることは難しく、途中で惑星の重力を利用して加速するスイングバイという航法で加速するのが普通です。

では、地球よりも重い星の上で、同じようにボールを投げるとどうなるでしょう。

星の重量が大きいと、星が引っ張る力も大きくなるので、ボールを放出するのにもっと速度が必要になります。ボールに必要な速度を与えるためには、それに見合うエネルギーが必要です。地球上で違う重さのボールを投げたときは、星が引っ張る力は同じなので、ボールが重ければ重いほどエネルギーが必要になります。

では、ボールではなく光の場合はどうなるでしょう？　光は質量がゼロなので、地表から何の苦労もなく宇宙空間に直進していきます。

そして宇宙には、星の重量がすさまじく大きいために、光さえ脱出できない場所があります。これがブラックホールです。ブラックホールの中心は、いわば特異点に近い状態なのです。一般相対性理論によると、特異点では質量が無限大になり、重力も無限大になると予測されています。このため、約三〇万キロメートル毎秒の光（電磁波）でさえ、そこから脱出することはできません。つまり、ブラックホールは外部から見ることができない天体なのです。

ブラックホールになる星

ブラックホールは、どのようにできるのでしょうか。

◆ブラックホールの観測方法

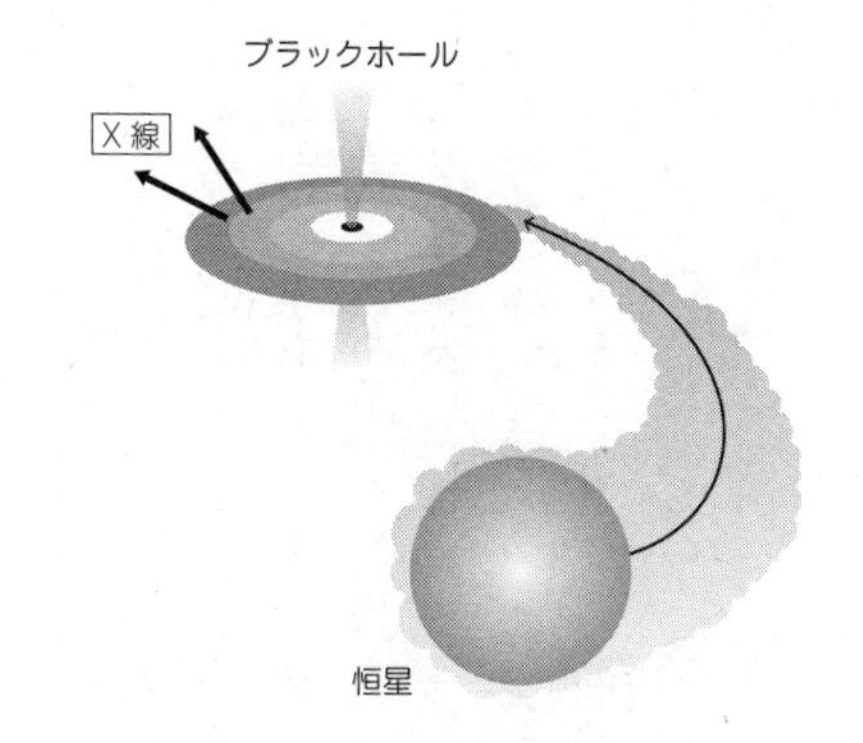

　ブラックホールを見ることはできませんが、その振る舞いを垣間(かいま)見ることはできます。ブラックホールの中には、ペアになる星（連星）を持つものがあります。

　すると、その星から放出するガスがブラックホールに引き込まれ、圧縮されます。圧縮されたガスは、ブラックホールの周囲で強いX線を放出するのです。

　はくちょう座X－1と呼ばれる連星は、そのようにして見える代表的なブラックホールです。

　夜空に光る恒星は、中心部で水素が核融合反応して明るく輝いています。太陽も、同じです。恒星の中でも、質量の大きな星ほど燃料の消費が多く、早く水素を燃やし尽くしてしまいます。

太陽は質量の軽い星なので、水素が燃え尽きた後は、中心部に炭素と酸素からできる高温の芯だけが残されます。

一方、太陽のおよそ一〇倍以上の質量を持つ星の場合は、「超新星爆発」という華々しい最期を迎えます。そして、その残骸の中に「中性子星」や「ブラックホール」が残る場合があるのです。計算の仕方によっても変わりますが、およそ太陽の三〇倍以上の質量の星が、やがてブラックホールになると考えられています。

一方、地球が位置している「天の川銀河（銀河系）」の中心には、太陽の四〇〇万倍もの質量を持つ超巨大ブラックホールがあることがわかりました。すべての銀河の中心に、超巨大ブラックホールが存在しているわけではありません。でも、多くの銀河の中心、特に質量の大きな銀河ほど、超巨大ブラックホールが存在する確率が高いようです。

ブラックホール研究最前線

一九九五年、国立天文台野辺山宇宙電波観測所の四五メートル電波望遠鏡で、りょうけん座の銀河M106の中心に超巨大ブラックホールが見つかりました。なんと、太陽の三九〇〇万倍もの質量があります。

ブラックホールを取り巻くガス円盤の出す電波が、円盤が静止している場合と異なり、地球から見て、近づいている部分と遠ざかっている部分があることが電波の輝線(きせん)の大きなドップラー効果によって観測されたのです。ケプラーの法則を用いると、中心のブラックホールの質量を求めることができるのです。

活動的な銀河や、クエーサーと呼ばれる遠くの銀河の明るい中心核にも超巨大ブラックホールが存在しています。ブラックホールには、はくちょう座X－1のように重たい星の最期に作られる通常サイズのブラックホール、銀河の中心にある太陽質量の何百万～何億倍の超巨大ブラックホールの他に、中間的なサイズの巨大ブラックホールも見つかっています。超巨大質量のブラックホールや中間質量のブラックホールが形成されるしくみは、いまだ解明されていません。

「富岳(ふがく)」などのスーパーコンピュータを用いての理論的なシミュレーション研究や、X線天文学や電波天文学などさまざまな波長域を用いてブラックホールの観測が続いています。

夢のホワイトホール

ブラックホールに対して、ホワイトホールという名前を聞いたことはありませんか？

すべてのものをのみ込んでしまうほどの強力な重力源が宇宙に存在するのなら、その反対にのみ込んだすべてのものを吐き出す状態があってもよいのではないか——。一九六〇年代の天文学者たちは予想しました。ブラックホールと反対の性質を持つという意味で、ホワイトホールと呼ばれています。しかし、いまだこの宇宙においてホワイトホールは一つも見つかっていません。

理論的には存在を認められても、私たちの宇宙には存在しない架空の天体なのかもしれません。理論的にも観測的にも、ブラックホール研究は最前線の研究テーマなのに対し、ホワイトホールを研究テーマとする天文学者はごく少数です。もし、仮にこの宇宙にホワイトホールが見つかったとすると、それは、ブラックホールと対になっていて、その間は時空を超えて移動できるワームホールなのかもしれません。

このように、今のところ理論上の存在とはいえ、ホワイトホールの発想はとても魅力的で、多くのＳＦ小説やＳＦ映画で時空を超えて移動するためのワープ航法を行う場所として描かれています。

しかし、実際には、ブラックホールに近づくだけで、私たちの体は強い重力によって分離し、素粒子レベルまで粉々になってしまいますので、ＳＦのように時空を超えることは残念ながら不可能です。ブラックホールには、近づかないことをおすすめします。

重い星は
ブラックホールになるかも!?
こわいけど気になる存在

地球に生命をもたらしたのは彗星だった!?

彗星からアミノ酸が発見された

ＮＡＳＡの彗星探査機「スターダスト」は、二〇〇四年、太陽を公転している「ヴィルト第2彗星」に、二四〇キロメートルまで接近し、この位置からヴィルト第2彗星が放出する塵粒を採集しました。ハエトリ紙のような構造の装置を用いて、探査機にぶつかる塵を捕まえ、地球へと向かったのです。

二年後の二〇〇六年、スターダストが地球に接近した際に、この塵を含んだカプセルを見事、地上に投下しました。この貴重な塵粒は、最新の分析装置によって徹底的に調べられました。そして、採集した塵粒から、必須アミノ酸の一つ「グリシン」が発見されたのです。生命の起源を探るうえで当時、大きなニュースとなりました。

人の体は、タンパク質でできています。タンパク質はアミノ酸がたくさん結合しないとできません。タンパク質の元となる分子の一つが、彗星に含まれていることがわかったということは、地球上のみならず、宇宙空間にもアミノ酸があることを示しています。

今日では、アミノ酸は宇宙空間で誕生し、何らかの方法によって地球にもたらされたものと多くの研究者が考えています。

はやぶさ2と小惑星

一方、小惑星も生命の誕生に関わっている可能性があります。その謎解きに挑戦したのが、日本の小惑星探査機「はやぶさ2」です。はやぶさ2は、二〇一〇年六月十三日に地球へ帰還し、大気中で燃え尽きた小惑星探査機「はやぶさ」の後継機で、二〇一四年、鹿児島県種子島にあるＪＡＸＡ種子島宇宙センターから打ち上げられました。

はやぶさは二〇〇三年に打ち上げられてから七年間、およそ六〇億キロメートルの旅を終えて地球に帰還しました。地球大気で燃え尽きた様子を思い出す方も多いことでしょう。

◆はやぶさ２

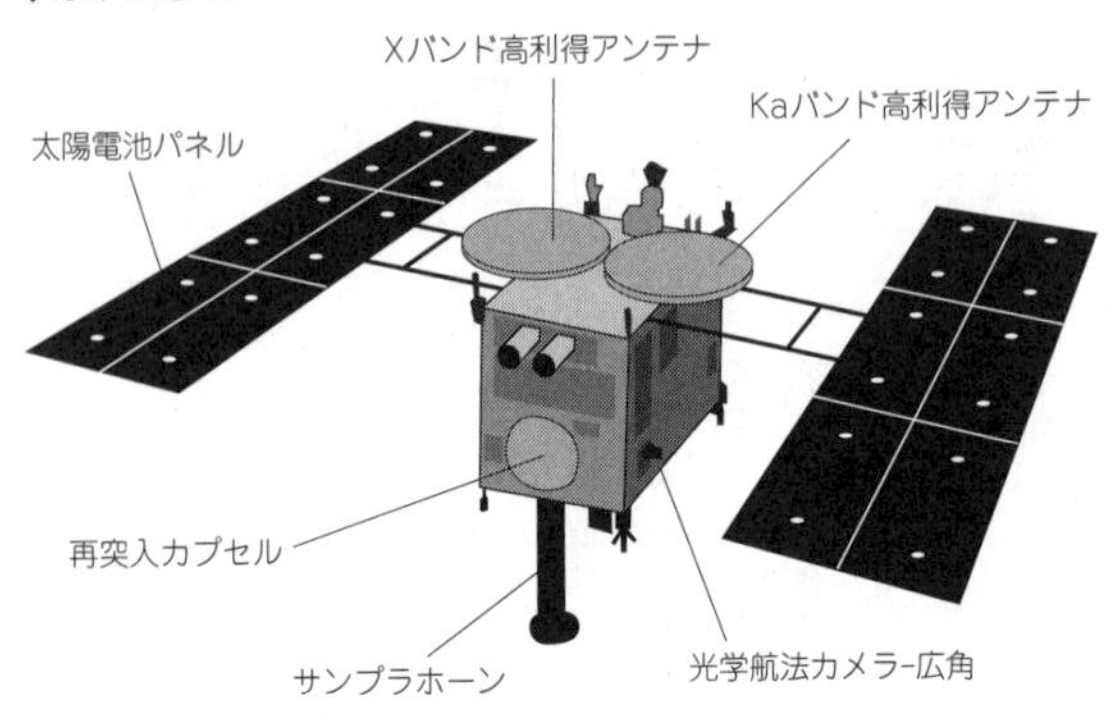

はやぶさは、イオンエンジンによる新しい航法を試みながら、太陽系の起源の解明につながる手がかりを得ることを目的に、小惑星「イトカワ」の微小サンプルを持ち帰りました。一方、はやぶさ2は、さらに太陽系の起源・進化と、生命の原材料物質を解明するため、C型小惑星「リュウグウ（1999 JU_3）」へ二回着陸し、見事にサンプルリターン（サンプルを持ち帰ること）に成功しました。

小惑星にはさまざまなタイプがありますが、おもなものとしてはC型とS型が挙げられます。イトカワはS型で、砂の成分すなわちケイ酸化合物（シリケイト）がおもな成分であることがその特徴です。

はやぶさ2がサンプルを持ち帰ったC型小惑星リュウグウは、同じ岩石質の小惑星でありながら、S型のイトカワと比べ、有機物や含水鉱物を多く含んでいると予想されていました。つまり、地球上の生命と何か関わりがあるかもしれないのです。

今回初めて、C型小惑星の岩石を地球に持ち帰って分析が始まったことで、太陽系空間にもともとあった有機物がどのようなものであったのかが解明されるかもしれません。地球などの大きな天体では、原材料はいったん溶けてしまったので、それ以上昔の情報にたどりつけません。リュウグウの岩石を分析することで、私たち地球上の生命の起源について、手がかりが得られるのではないかと期待されています。

はやぶさ2は、二回目の着陸では小惑星の表面に弾丸を撃ち込み、人工的にクレーターを作りました。人工クレーターは直径が十数メートル程度でしたが、衝突によって露出した表面から岩石サンプルを採取することに成功したので、風化や熱の影響を受けていない新鮮な物質を手に入れることができました。

はやぶさ2がリュウグウに到着したのは二〇一八年六月。一年半ほど小惑星を調査して、二〇一九年十一月に小惑星を出発し、二〇二〇年十二月六日に地球に帰還。カプセルを投下した後再び次のターゲット、小惑星「1998KY$_{26}$」へ向かって旅立っていきました。二〇三一年に到着予定です。

彗星に着陸したロゼッタ

二〇〇四年に欧州宇宙機関（ESA）が打ち上げた彗星探査機「ロゼッタ」は、十年間にわたり太陽系を旅してきましたが、二〇一四年十一月に短周期彗星「チュリュモフ・ゲラシメンコ彗星」の地表に着陸機「フィラエ」を投下し、人類史上初の彗星に着陸した探査機となりました。

チュリュモフ・ゲラシメンコ彗星は、公転周期が約六・六年です。この彗星は二つの彗星がゆっくりとぶつかって、そのまま結合してしまったかのような構造で、一見、アヒルのオモチャのような奇妙な形をしています。アヒルのオデコの部分がフィラエの着陸地です。

ロゼッタはこの彗星の放出するガスからグリシンを検出しました。ロゼッタの成果から、生命の源は彗星が地球に運んできたのではと考える人もいます。

スターダスト、はやぶさ、ロゼッタ、そしてはやぶさ2の活躍によって、彗星や小惑星が生命の起源なのかどうかがいま、解き明かされようとしています。

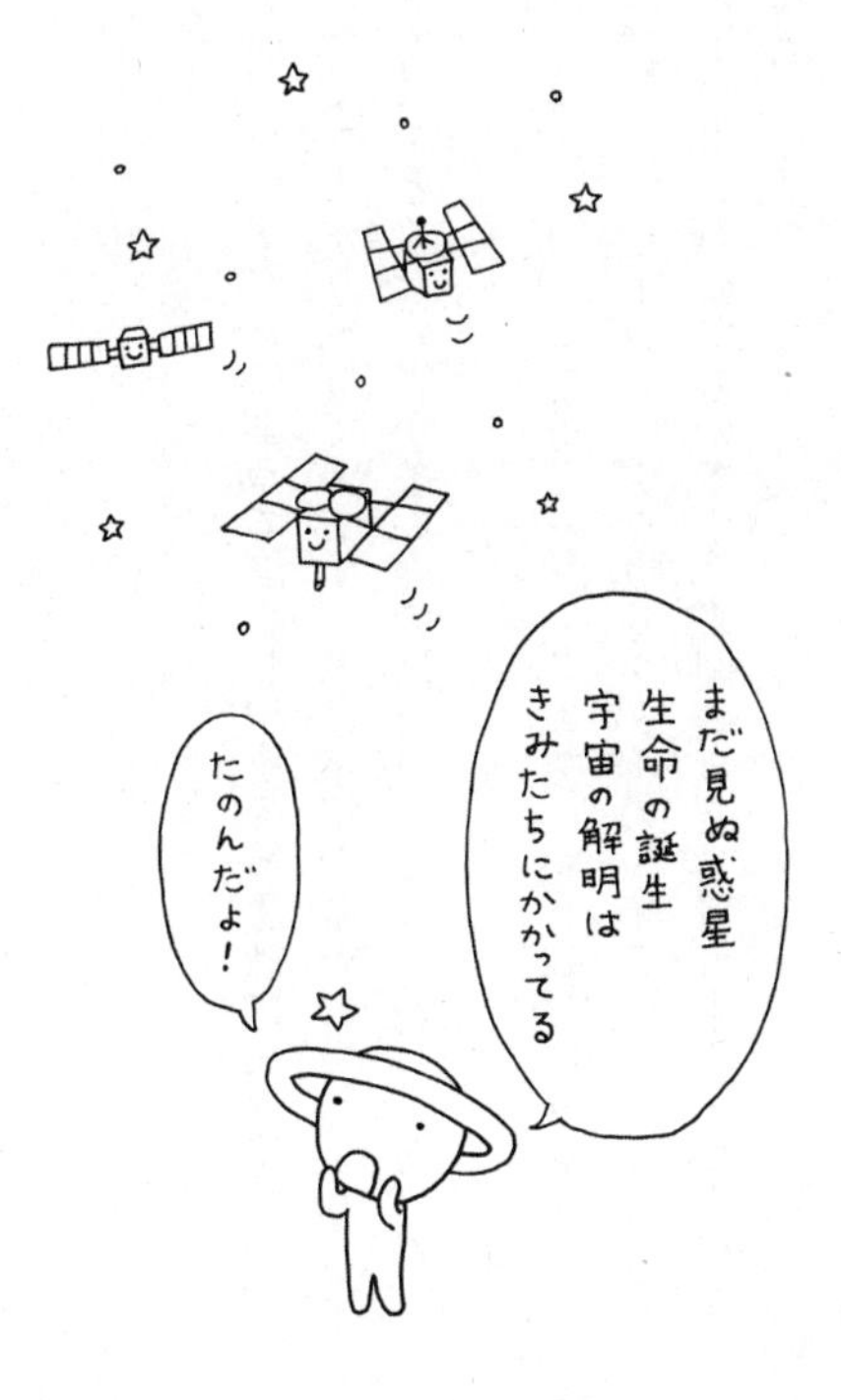
まだ見ぬ惑星
生命の誕生
宇宙の解明は
きみたちにかかってる
たのんだよ!

宇宙の時間と人間の時間

コズミックカレンダー

宇宙は百三十八億年前、ビッグバンによって誕生し、その後急激に大きく広がり始め、超巨大になった今でも広がり続けています。単に宇宙の歴史は百三十八億年といわれても、長すぎてピンとこない方が多いのではないでしょうか。もちろん、私もそうです。

そこで、天文学には「コズミック（宇宙）カレンダー」という独特のカレンダーがあります。百三十八億年という宇宙の歴史をカレンダーの一年間にたとえて、その間の宇宙や地球での出来事を並べたものです。米国の天文学者カール・セーガン博士によって考えられました。

ビッグバン（宇宙の誕生）を、一月一日零時零分零秒とします。そして現在が、十二月三十一日の二十四時零分零秒です。コズミックカレンダーでは、一カ月が約十一・五億年、一日が約三千七百八十万年に相当します。天の川銀河が誕生した約百二十億年前は、ちょうどバレンタインデーの二月十四日あたり、四十六億年前の太陽系の誕生は、八月三十一日頃です。

私たち人類の誕生

コズミックカレンダー上では、十二月二十五〜二十七日あたりに、恐竜がのしのしと地上を歩いていたことになりますが、二十七日には巨大隕石の衝突で絶滅してしまいました。そして、十二月三十一日夜八時過ぎ、今年もあと四時間というときになって、私たち人類の共通のおじいちゃん、おばあちゃんが地上に出現しました。

さらに、私たちが文明を持ってからの時間は、非常に短いものです。人間が九十歳まで生きたとしても、このカレンダーに当てはめてみると、〇・二秒にすぎません。しかし、一人一人、個としてはそれだけしか生きませんが、その生命の営みの中で、私たち人類は子育てをするとともに文化や文明を脈々と積み重ねてきたのです。

遺伝子だけではなく、それぞれの人生で学んだ知識や経験を継承していくこと。それこそが私たち人類の凄さなのです。

番外編

月・火星への人類の挑戦

MOON MARS

月と人類の新時代──アポロとアルテミス

アポロ月面着陸の衝撃

私は梅雨明けの澄んだ青空を眺めると、いつも思い出すことがあります。それは小学校三年生のとき、今から半世紀前のアポロ月着陸です。

アポロ11号は、一九六九年（昭和四十四年）、七月十六日にケネディ宇宙センターからサターンV型ロケットで打ち上げられ、日本時間七月二十一日の朝五時十七分四十秒に月面着陸に成功しました。

サターンV型ロケットは三〇階建てのビルのような大きさで全長一一〇メートル、重さ三〇〇〇トンという史上最大のロケットでした。ニール・アームストロング船長とバズ・オルドリン操縦士が着陸船で月面に着陸し、月面を歩いたのが日本時間七月二十一日午前十一時五十六分のことでした。

その様子は、全世界に月から生中継され、約六億人もの人々が固唾を飲んでテレビ画面を見守ったそうです。月面に着陸船のはしごをつたって降りる姿と、「これは一人の人間にとっては小さな一歩だが、人類にとっては偉大な飛躍である」というあまりにも有名なアームストロング船長の言葉に世界中が沸きました。

私もその六億人のうちの一人です。このとき、私は故郷長野県、北アルプスの麓の八坂第一小学校（当時）の理科室で、理科の先生と希望した何人かの児童と一緒にその様子を見ていました。当時は真空管式の白黒テレビです。それは電源スイッチを手前に引っ張るタイプで、電源を入れて画像がブラウン管に現れるまでに数分間もかかる、今ではとても懐かしいテレビでした。

画面も暗く荒くてわかりにくいものでした。多分、小学校三年生の私にとっては中継の様子がよく理解できなかったのでしょう。不思議なことに月からの生中継映像の記憶は残っていないのですが、そのスイッチを引いて画像が現れるまでのドキドキ感と、終業式の日だったのでしょう、住んでいる集落から通う生徒のうち学校に残ってこの中継を見たのが私だけだったので、梅雨明けの眩しく強い太陽の下、昼過ぎにとてもお腹を空かせて、一人とぼとぼと三十分くらいかけて山道を家まで戻ったときの、その風景は鮮明に覚えています。帰り道の間、ずっとその興奮が収まらなかったのです。大きくなったら、月はもちろん火星にだってボクは行くぞと心に誓っていました。しかし、火星に行くどころか月に行くことさえなく五十数年の月日が流れました。いいえ、私個人の話ではありません。人類の誰もが、一九七二年のアポロ17号以降、月を歩いていないのです。

「地球はもろくはかない存在」

二十世紀末頃には、都市伝説のようにアポロは月に行っていないという風説が広く流布されたことがありました。五十歳代後半以上のアポロを原体験として共有できる世代はともかく、若い世代のみなさんが「私たちが生まれる前に月に行ったことがあるなら、今、火星旅行はおろか再度、月さえ訪ねていないのはなぜ？　なぜあれから一度も行っていないの？」と疑問を感じるのは当然のことです。

地球から月までは平均三八万キロメートル。時速三万八〇〇〇キロメートルのロケットで、まっすぐに飛んでいくと十時間で到着します。実際には地球を周回して加速して飛び出すので、アポロでは二日半の旅でした。しかし、新幹線（時速三〇〇キロメートル）で五十三日間、歩いていくと（時速四キロメートルとして）十一年もかかる距離です。近いようでいて意外と遠いのです。

ロケットならあっという間に着く。つまり、お金さえかければ、今では月に人が行くことは決して難しいことではありません。しかし、その莫大な費用をかける目的や意思が、この五十年間はなかったということでしょう。

当時は、米ソの冷戦時代。科学的な目的というより、お互いのプライドからの競争であり、軍事的技術の向上も目的でした。アポロを打ち上げた米国NASAの宇宙飛行士は当時、ほとんど全員が空軍出身の軍人でした。

米国大統領ジョン・F・ケネディの一九六一年五月の有名な演説、「米国は一九六〇年代中に人間を月に到達させる」という宣言から始まったアポロ計画。一九七二年のアポロ17号まで、事故があって着陸を中止した13号を除いて、計六回、一二名の宇宙飛行士が月面を歩きました。

そして、六回の着陸・帰還によって、合計三八二キログラムの月の石を持ち帰りました。アポロ計画の総経費は当時で二五〇億ドル。単純に、もし仮にこの石のみがアポロの成果としてしまうと、月の石一グラムあたり六万五〇〇〇ドルにもなってしまいます。

しかし、アポロの成果は、米国優位といった政治的な意味合いや、宇宙開発技術の発展、月惑星科学の進歩のみでは、決してありません。人類にとってもっと大事なことをアポロ計画は教えてくれました。

一九六八年のクリスマス・イブ、人を載せて初めて月を周回して地球に帰還したアポロ8号は、月から見た地球の姿を地球に中継しました。さらにこのとき、アポロの乗組員が撮った真っ暗な宇宙に浮かぶ丸い地球の写真に、多くの人々は国同士の争いごとの無意味さや地球の有限さに気づきます。また、一九七一年アポロ15号の乗組員ジェームズ・アーウィンは、月面から地球を見て、「地球はもろく、はかない存在に見えた」と述べています。

閉じた地球環境の上に数十億もの人類が生活していることを目の当たりにすると、多くの人は目先のことのみに囚われるのではなく、グローバル（global：globeの形容詞、つまりglobe〈地球〉規模で）に物事を考えざるを得ません。

月を回る司令船から撮影された「地球」の姿。今ではそこに七八億人もの人類が生活しているのです。人類の歴史において二十世紀という百年を振り返った際、最大の出来事は、広島・長崎への原爆投下と、このアポロの月着陸であるともいわれています。現在の科学技術の発展や世界平和を願う気持ちの原点の一つが、アポロの月着陸であったといえるのではないでしょうか。

NASAが発表したアルテミス計画

さて、日々の生活の中で、現代人である私たちが月を見上げる機会は年間、何回くらいあるでしょう。いにしえの時代から、太陽と月は人々にとって特別な存在でした。人工光に囲まれて暮らす現代人と比べ、夜の闇を照らす月の存在は、誰にとっても身近で重要なものであったに違いありません。

そして今、人々の月への関心が戻りつつあります。アポロ11号による月着陸から半世紀が過ぎ、二〇二〇年代に人類は再び月を目指すことになりました。しかもその計画は複数存在しています。

仮に、現在発表されているスケジュールどおりに進むとしたら、まず再び月を訪れるのは民間人による月観光ツアーです。イーロン・マスク率いる米国の航空宇宙会社スペースXは、開発中の超大型ロケット「スターシップ」を用いて、二〇二三年に日本の起業家前澤友作と彼が招待する数人の芸術家を月周回旅行に向かわせると発表しました。この初の月観光旅行の日程は六日間程度と想定されています。

一方、NASAを中心に国際宇宙ステーション（ISS）を共同運用してきたJAXAなどは、ISSの七分の一サイズの月周回国際宇宙ステーション「ゲートウェイ」の建設計画を始めています。ゲートウェイ構想は、月を南北に周回して月の極域への着陸を可能にすることと、将来はこのステーションを利用して火星を目指すことも意図し、深宇宙へのまさに入り口を建設しようという野心的な計画なのです。

さらに、NASAはアルテミス計画を発表。ギリシャ神話に登場する太陽神アポロン（アポロ）と双子の兄妹である月の女神アルテミスの名前を冠したこの計画では、建設途中のゲートウェイを活用して、二〇二四年を目標に、女性宇宙飛行士が月面を歩くことを目指しています。アルテミス計画では月に着陸するクルーはアポロと同様にまずは二名からで、その最初の月着陸は少なくとも一人の米国人女性宇宙飛行士が含まれることになっています。

水資源（クレーターの底などに凍って存在）が豊富な月の極域の有人探査は、複数回行われる予定で、二〇二一年秋頃には、ＪＡＸＡが月に向かう日本人宇宙飛行士の募集を行いますので、ゲートウェイの建設で月を訪れるのはもちろん、日本人宇宙飛行士が月面を歩く日もそう遠くはないことでしょう。

さらに、宇宙の覇権を米国と争う中国も、「嫦娥5号」が二〇二〇年に月からのサンプルリターンに成功するなど、月探査に力を入れており、具体的な日程は発表されていないものの、月に人を送る準備は万端、整いつつあり、スペースＸやＮＡＳＡの計画を出し抜いて、最も早く月に人を送るかもしれません。

今宵、見上げる月で人が活動していると思うと、特に身近な日本人宇宙飛行士の誰かがそこにいると思うと、あなたにとって夜空に浮かぶ月が今までとはまったく違うものに感じられるかもしれませんね。月と人間の関係は新たな時代を迎えようとしています。

探査が進む火星——人類はなぜ火星を目指すのか？

SF映画に登場してきた火星

早ければ二〇三〇年代に、人類が月の次に足跡を残そうとしている天体、それは火星です。火星をテーマにしたSF作品はたくさん発表されています。

近年のSF映画だけでも、たとえば、『トータル・リコール』（一九九〇）、『宇宙戦争』（二〇〇五）、『オデッセイ』（二〇一五）、『アド・アストラ』（二〇一九）など。それだけ私たち人類にとって関心のある天体といえましょう。しかし、見上げてみると、月と比べ極めて小さな点にしか見えない火星。

最も地球に接近した際でも、月より一五〇倍以上も遠い地（月まで平均三八万キロメートルに対し、火星は最も地球に近づいた時でも五六〇〇万キロメートル以上あります）に、今なぜ、人類は向かおうとしているのでしょうか。

火星探査と生命探し

まずは、その探査の歴史を紹介しましょう。火星探査機は一九六〇年以降、今までで計五〇機以上打ち上げられました。ソ連（ロシア）、米国、ヨーロッパ、インド、中国、日本、アラブ首長国連邦。うち、打ち上げ失敗が六機（一九六〇〜一九七二）、また、打ち上げ後に行方不明になったものが一五機もあります。初期の頃の失敗が多いとはいえ、成功率は約二分の一。

ただし、近年は幸い成功が続いています。成功したものは二五機で、その内訳は火星探査車（ローバー）六台、着陸機（ランダー）五機、軌道周回機（オービター）一一機、フライバイ三機です（ただし、両方にまたがるミッションもあるので、あくまでも目安の数としての参考数）。日本は、一九九八年に火星探査機「のぞみ」を打ち上げ、火星の大気を調べようとしましたが、火星軌道に乗ることができず失敗しています。

一九六五年、無人探査機マリナー4号（米国）が、世界で初めて火星の近接撮影に成功しました。運河はもちろん、期待していた生き物の気配はまったくなく、荒涼とした砂漠が広がる過酷な環境であることがわかりました。その後、多くの探査が行われてきましたが、火星に生命が存在しているかいないか、または、かつて存在していたのかどうかという論争をめぐっては、いまだに明確な答えは得られていません。ただし、二十一世紀に入ってからも火星探査の主目的の一つが生命探しであることには変わりありません。

二〇一一年には米国の宇宙機関NASAが探査ローバー「キュリオシティ」を送り出しました。六輪駆動で、大きな岩をも乗り越えられる能力を持ち、火星に有機物や生命の痕跡がないかを調べています。

そして二〇二〇年七月には、相次いで三つの火星探査機が打ち上げられました。アラブ首長国連邦の「HOPE」（日本の種子島宇宙センターから打ち上げ）、中国の「天問」、米国の「パーサビアランス」です。いずれも二〇二一年二月に火星軌道に到着、パーサビアランスは二月に無事、火星に着陸し、中国の天問も五月に着陸に成功しました。

パーサビアランスはNASAのマーズ二〇二〇ミッションの一環として、火星のジェゼロ・クレーターに着陸した無人ローバーですが、単独のミッションではなく、石や砂のサンプルを収集し、火星の表面に保存します。そして、後続のNAS

AとESA（欧州宇宙機関）の共同ミッションによって、そのサンプルを地球に持ち帰る計画です。

パーサビアランスは、七つの新しい科学機器や多くのカメラやマイクも搭載しています。報道で発表された火星の表面を吹く風の音を聞いた方もいらっしゃると思います。ローバーには、地球外で初の動力飛行を試みる実験機であるミニヘリコプター「インジェニュイティ」も搭載されていて、この試験飛行も無事成功しました。

火星は急いで進化した⁉

残念ながら日本には独自の火星本体の探査計画はありません。しかし、意表をついてと感じられるかもしれませんが、二〇二四年に火星の衛星フォボスに向けて日本の探査機が打ち上げられる予定です。MMX（火星衛星探査計画）と名付けられたこのミッションでは、「はやぶさ」と「はやぶさ2」のミッションで培ったサンプルリターン技術を用いて、フォボスの物質を地球に持ち帰る計画です。火星は重たいのでリターンには高度な技術や燃料が必要になりますが、小さな月であるフォボスからの帰還は可能な技術なのです。

月軌道ゲートウェイが完成し、月の資源探査や資源利用が進むと、いよいよ有人火星探査が視野に入ってきます。とはいえ、火星までの道のりは片道でも二年以上。生身の人間が行くべきか、人工知能やロボットに頼るべきかは、科学的な目的のみならず、地球上の生命が遠い将来、どこまで宇宙に進出するべきかという視点での国際的議論が必要でしょう。

これまでの火星探査から、太古の火星は穏やかな海に覆われ、生命が誕生しやすい環境であったことが突き止められています。つまり、質量の小さな惑星・火星は地球より急いで進化してしまった惑星ともいえる星であり、その歴史を知ることのみならず、地球の将来を知るうえでも火星有人探査は科学的に重要なミッションといえるのです。

おわりに

「小さなことでくよくよしていてもしょうがない」――悩んだり落ち込んだりしているときでも、星や宇宙の話を聞くと、そんなふうに感じる方が多いようです。

以前、私は国立天文台のある街・東京都三鷹市内で、毎週木曜日の夕方に二〇名くらいが定員の小さなサイエンス・カフェを行っていました。研究者と市民のざっくばらんな語り合いを目的とした、いわばくつろいだ雰囲気で行うトークショーのようなイベントです。

二〇〇八年八月、激しい雷雨の晩のことです。その日、若い女性が会場の隅に静かに座っていました。見るからに生気がなく、私が見ていても心配になるほどでした。理由はわかりませんが、彼女は生きる力をなくしてしまっていて、たまたま親しい友人だった店長さんに説得され、三鷹のカフェにやってきたとのことでした。

その日の話のテーマは、「一三八億光年宇宙の旅」。私たちが住む、この宇宙の構造と広がりについてお話しする内容でした。参加者からの質問も終わり、帰りがけになって女性はひと言、私に「宇宙って広いんですね」とつぶやいて帰られました。

後日、聞いたところによると、女性はあの日、サイエンス・カフェで天文の話を聞いて、自分の悩んでいたことがちっぽけな悩みに思えたそうです。それから、生きる気力を少しずつ取り戻すことができたということでした。

天文学や宇宙は難しい問題でも遠い存在でもなく、一人ひとりにとって身近な存在であることを感じさせられました。

一方、天文学のみならず、星や宇宙を楽しむ天文文化は、発展途上国でも驚くほど急速に進んでいます。その最も顕著な例が、南米のコロンビアです。

コロンビアに、メデジンという都市があります。多くの日本人にとってまったくなじみがないといっても過言ではない街を、ウォールストリート・ジャーナルが二〇一三年、「最も革新的な都市・第一位」に選出しました。街づくりの中心の一つが、美術や音楽、スポーツと並んで、科学であり天文学でした。その象徴である科学館、プラネタリウム館を街の人たちがとても誇りに想い、大切にしています。

　コロンビアでは政治的に大きな改革が行われ、それまでの治安の悪さや国内の対立を乗り越えようとしてきました。そのような中、二〇一二年、メデジンに近代的なプラネタリウム館が完成したのです。プラネタリウム館館長のカルロスさんが、大変興味深いエピソードを語ってくれました。

　ある日、十五歳くらいのギャング団の若者たちが、プラネタリウムにやってきました。普段は学校にも行かず、グループ抗争に明け暮れている心のすさんだ若者たちです。そんな若者たちがプラネタリウム番組を見終わってドームから出てきたとき、ギャング団のリーダーがこう言ったそうです。

「俺たちはいつも狭いテリトリー争いをくり返しているけど、間違っていた。地球全体が俺たち人間にとってのテリトリーなんだ」。それ以後、ギャング団同士の抗争は収まって、若者たちは学校に通い始めるようになったそうです。

　発展途上国の人々の多くが、貧しい暮らしがすべての元凶であること、そして科学技術が豊かさをもたらしてくれるであろうことを強く信じています。ですが、科学技術は物質的な豊かさのみならず、心の豊かさにも通じていることを強く実感できたうれしい機会でした。

本書では、広く深く、天文学にまつわる面白い話を紹介してきました。ですが、星空や宇宙の本当の魅力は、既存のメディアやインターネットでは伝えきれません。最新の宇宙の謎解きの現場は、おもに宇宙空間（人工衛星や宇宙望遠鏡）や人里離れた高山の上（すばるやＡＬＭＡなど）です。

本書での出合いをきっかけにぜひ、全国各地にある国立天文台の施設にも足を運んでみてください。研究者の生の声をお伝えできる機会を、もっともっと増やしていこうと思います。

二〇一六年九月八日

北モンゴル・セレンゲ州の小さな村の寄宿舎にて記す

文庫版おわりに

二〇一六年に『面白くて眠れなくなる天文学』がPHPエディターズ・グループから発刊されました。今回文庫化する機会を得て、読み返してみるとなるほどと実感することがありました。それはこの五年間での天文・宇宙分野の発展の凄さです。書き直す必要のある項が多数あり、まさにこの分野は歴史上まれにみる発展期を迎えていることがわかります。

それは、たとえば、中性子星同士の合体による重力波の初検出（キロノバ）とマルチメッセンジャー天文学の始まり（二〇一七年）、ブラックホールシャドーの撮像成功（二〇一九年）、国際天文学連合（IAU）創設百周年（二〇一九年）、重力波望遠鏡KAGRAの運用開始（二〇二〇年）、「はやぶさ2」のリュウグウからの帰還（二〇二〇年）などです。

二〇一九年四月十日、歴史的な記者会見が行われました。日本では深夜でしたが、世界六カ所での同時記者会見でした。その会見の内容は、日本の天文学者も参加する国際共同研究グループ「イベント・ホライズン・テレスコープ研究チーム」(EHT Collaboration) が、世界で初めて銀河中心にある超巨大質量ブラックホールの影の撮影に成功したという内容で、史上初めてブラックホールを取り巻く光子球の姿が明らかになりました。

世界中で、翌日の新聞一面はこのニュースで占められました。天文学のニュースがこのくらい注目されたのは、ブラックホール同士の合体によって、史上初めて宇宙からの重力波がとらえられたという、二〇一六年二月の重力波初検出のニュース以来でした。

このとき公開された画像は、ブラックホールそのものではありません。それは人類が初めて目にしたブラックホールの影の姿でした。撮影されたブラックホールは、おとめ座銀河団の中心的存在で、地球から五五〇〇万光年離れた巨大楕円銀河M87の中心にあります。M87の中心部分にブラックホールがあることは、そこから噴出するジェットの存在からすでに知られていましたが、光子球がとらえられたのは史上初の快挙でした。そして撮影されたブラックホールの影の解析により、このブラックホールは太陽の質量のおよそ六五億倍もあることがわかりました。

この他にも、毎年発表されるノーベル物理学賞では、二〇一九年、二〇年と二年連続で天文学分野からの受賞となりました。物理学は極めて広い分野で先進的な研究が行われているので、二年連続して同じ分野から受賞するのはまれなことです。

二〇一九年は、太陽系外惑星の発見に対し、ミッシェル・マイヨール（スイス）とディディエ・ケロー（スイス）に。そして、物理宇宙論における理論的発見に対しジェームズ・ピーブルス（米国）が受賞。

二〇二〇年にはブラックホール研究に関して、理論家のロジャー・ペンローズ（英国）と、天の川銀河の中心にある超巨大質量ブラックホールの発見に対し、ラインハルト・ゲンツェル（独国）とアンドレア・ゲズ（米国）に授与されました。

まさに、天文学は「面白くて眠れなくなる」時代を迎えています。本書を手に取ってくださったみなさんに、その醍醐味（だいごみ）を少しでも味わっていただき、人類の将来に対し、夢や希望が広がることを願っています。

二〇二一年七月二十五日

コロナ禍での東京オリンピックをTV観戦しながら

縣 秀彦

参考文献

エドワード・ハリソン 著、長沢工 監訳『夜空はなぜ暗い？』地人書館 二〇〇四年
家正則 著『ハッブル 宇宙を広げた男』岩波書店〈岩波ジュニア新書〉二〇一六年
国立天文台 編『理科年表 平成28年』丸善出版 二〇一五年
天文年鑑編集委員会 編『天文年鑑 2016年版』誠文堂新光社 二〇一五年
縣秀彦 著『地球外生命体』幻冬舎〈幻冬舎エデュケーション新書〉二〇一五年
縣秀彦 著『オリオン座はすでに消えている？』小学館〈小学館101新書〉二〇一二年
縣秀彦 監修『星の王子さまの天文ノート』河出書房新社 二〇一三年
縣秀彦 監修、池田圭一 著『天文学の図鑑』技術評論社 二〇一五年
POLSKA AKADEMIA NAUK『STUDIA COPERNICANA』OSSOLINEUM 一九七八年
国立天文台ホームページ https://www.nao.ac.jp/
JAXAホームページ https://www.jaxa.jp/
NASAホームページ https://www.nasa.gov/

著者紹介
縣 秀彦（あがた　ひでひこ）
1961年長野県生まれ。国際天文学連合（IAU）・国際普及室スーパーバイザー、大学共同利用機関法人自然科学研究機構国立天文台・准教授。総合研究大学院大学・准教授、宙ツーリズム推進協議会・代表、信濃大町観光大使、日本文藝家協会会員ほか。
東京学芸大学大学院修了（教育学博士）。東京大学教育学部附属中・高等学校教諭等を経て、現職。『怖くて眠れなくなる天文学』（ＰＨＰエディターズ・グループ）、『地球外生命は存在する！』（幻冬舎）、『星の王子さまの天文ノート』（河出書房新社）、『日本の星空ツーリズム』（緑書房）、『ヒトはなぜ宇宙に魅かれるのか』（経済法令研究会）など多数の著作物を発表。2000年よりＮＨＫ高校講座（「地学基礎」など）、2009年よりＮＨＫラジオ深夜便（「ようこそ宇宙へ」など）に出演中。

本書は、2016年11月にＰＨＰエディターズ・グループから刊行された作品に加筆・修正したものである。

ＰＨＰ文庫　面白くて眠れなくなる天文学

2021年９月23日　第１版第１刷

著　者　縣　秀　彦
発行者　後　藤　淳　一
発行所　株式会社ＰＨＰ研究所
東京本部　〒135-8137　江東区豊洲5-6-52
ＰＨＰ文庫出版部　☎03-3520-9617(編集)
普及部　☎03-3520-9630(販売)
京都本部　〒601-8411　京都市南区西九条北ノ内町11

PHP INTERFACE　https://www.php.co.jp/

制作協力
組　版
株式会社PHPエディターズ・グループ

印刷所
製本所
図書印刷株式会社

ISBN978-4-569-90173-2

PHP文庫

面白くて眠れなくなる数学

桜井　進　著

クレジットカードの会員番号の秘密、おつりを計算するテクニック、１＋１＝２って本当？　文系の人でもよくわかる「数学」の楽しい話。

PHP文庫

面白くて眠れなくなる植物学

稲垣栄洋 著

累計70万部突破の人気シリーズの植物学版。木はどこまで大きくなる？　植物はなぜ緑色？　想像以上に不思議で謎に満ちた植物の生態に迫る。

PHP文庫

面白くて眠れなくなる人体

坂井建雄 著

鼻の孔はなぜ2つあるの？　脳そのものは、痛みを感じない？　最も身近なのに「未知の世界」である人体のふしぎを、わかりやすく解説！

PHP文庫

面白くて眠れなくなる遺伝子

竹内　薫／丸山篤史　共著

大好評の「面白くて眠れなくなる」シリーズの人気テーマ「遺伝子」を文庫化。最新の研究成果を含む遺伝子の様々なエピソードを紹介。

PHP文庫

面白くて眠れなくなる生物学

長谷川英祐 著

生命は驚くほどに合理的!?――「人間の脳にそっくりなアリの社会」「メス・オスに性が分かれた秘密」など、驚きのエピソードが満載!

PHP文庫

面白くて眠れなくなる化学

左巻健男 著

火が消えた時、酸素はどこへ？ 水を飲み過ぎるとどうなる？ 不思議とドラマに満ちた「化学」の世界をやさしく解説した一冊。

PHP文庫

面白くて眠れなくなる物理

左巻健男 著

透明人間は実在できる？　空気の重さはどれくらい？　氷が手にくっつくのはなぜ？　身近な話題を入り口に楽しく物理がわかる一冊。

PHP文庫

面白くて眠れなくなる理科

左巻健男 著

大人も思わず夢中になる、ドラマに満ちた自然科学の奥深い世界へようこそ。大好評「面白くて眠れなくなる」シリーズ！

PHP文庫

計算力

今日から使える！

鍵本 聡 著

「17×15＝？」「14×45＝？」……、電卓なしだと面倒な計算もスラスラできる！ 暗記力と計算視力による鍵本メソッドをやさしく伝授。

PHP文庫

ラクしてゴールへ！

理系的アタマの使い方

鎌田浩毅　著

仕事の成果を上げる効果的な手法とは？　アウトプットから逆算してプロセスを決定する、理系科学者による16個のテクニックを大公開。